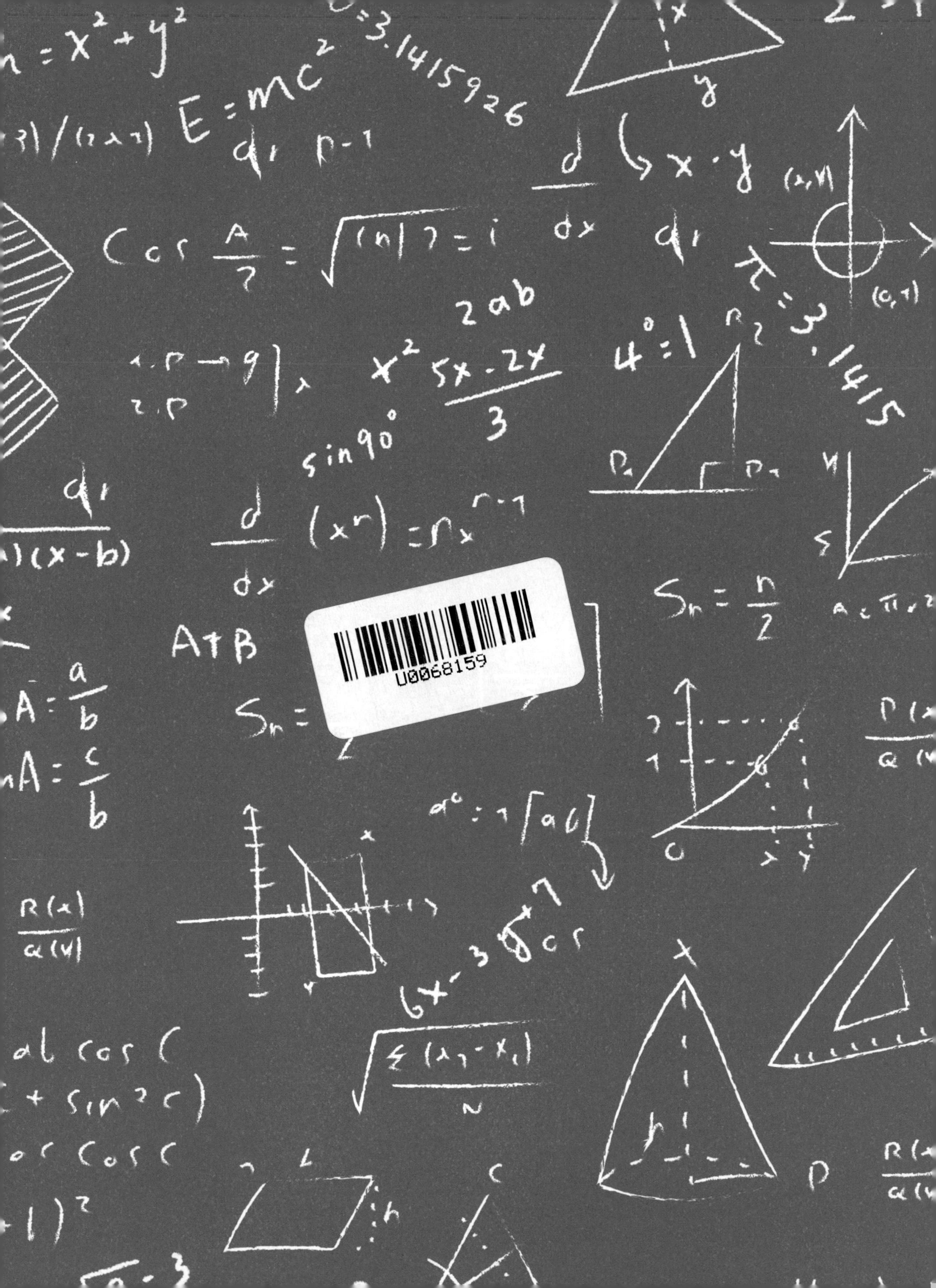
E = mc²
3.1415926
2ab
sin90°
A+B

國際教育 ✕ 數學邏輯

城市裡的數感素養課

環遊世界,發掘大都市的
數學方程式!

賴以威、李瑞祥 —— 著
(數感實驗室)

陳宛昀 —— 繪

倫敦 8

京都 66

巴黎 48

臺北 84

巴塞隆納 28

都市裡最多的不是人，而是數學

每天走出家門，抬頭看見房屋，低頭是馬路。放眼望去的街景五花八門，什麼都有，當然，還有數學。

數學？別開玩笑了，頂多某些招牌上的電話號碼、街道門牌上有數字，城市怎麼會有數學呢？讓我們來舉幾個例子吧。

比方說呢，如果你爬山，或是到高樓展望臺往下俯瞰都市時，你會發現街道就像是一條條線，它們符合數學裡的各種直線關係：相交、平行、垂直。彼此垂直的棋盤格道路會圍出許多長方形或正方形，某些道路斜一點的則會圍出不規則的多邊形，像是西班牙的大都市巴塞隆納，街區還是獨特的八角形！熱鬧的路口，則會出現圓環的幾何形狀，像是巴黎凱旋門有一座超巨大圓環，12 條街道像星芒一樣放射出去。圓形、多邊形等，不也是數學課本會出現的內容嗎？

又或者，家附近的公園，其實也是政府用數學精心計算出來的結果。大家都希望公園綠地要盡可能的多，可是太多的話又會影響到都市發展，該如何取得一個平衡？或許不一定要大，但要盡量能讓每一位市民在幾分鐘內就可以到公園散散步、喘口氣，所以「平均分散」可能是更重要的法則。再仔細想想，除了公園，企業要把便利商店開設在哪裡，好像也需要數學的幫忙，才能找到最大的人潮與錢潮。

不只如此，世界知名古都的日本京都，它以新舊完美融合的街景著名。這樣的融合很不容易，街道上要是有像速食店麥當勞這麼繽紛的招牌，旁邊緊接著一座幾百年歷史的古寺民宅，要怎麼融合？京都市政府告訴你，得把顏色給量化，用數字與比例來規範店家，才能像用電腦做簡報那樣，設計出調和的街道景致。

講到這邊，你已經相信都市裡有很多數學了吧。接下來，讓我們遨遊世界各地，看看這些你原本認識，但即將重新認識的「數學都市」吧。

賴以威　數感實驗室
共同創辦人

綠色開放的數學之都
倫敦

倫敦曾經有著令人窒息的空氣和作噁的汙水，現在竟然是全世界最綠的城市之一。看看倫敦如何用數學比例設定綠的標準，打造出與公園森林共存的金融中心。

綠色開放的數學之都

倫敦 LONDON

說起世界上知名的大都會，英國首都倫敦絕對會是大家的首選名單之一。想像一下，在倫敦市區散步，有知名熱鬧的蘇活區，購物血拚的牛津街；也有充滿故事氣氛的景點，像是哈利波特會在國王十字車站搭車前往霍格華茲，名偵探福爾摩斯就住在貝克街。不只如此，還有大笨鐘、西敏寺、大英博物館、倫敦眼摩天輪等知名景點。

當你玩累想稍微休息一下時，倫敦還有好幾座比大安森林公園大好幾倍的皇家公園，有的大到走上一圈得花上個把小時，或是公園有鹿在漫步，還有能划船的湖。這才是倫敦市民真正的幸福原因：他們能前一秒在絢麗繁華的都會生活，下一秒就走入自然，放鬆心情。

而倫敦之所以能名列世界大都會，不只是因為歷史、經濟或政治地位，同時也是它的綠化做得很好。並且倫敦還預計要成為一座「國家公園城市」，讓倫敦市區就像國家公園一樣，孕育著多樣、豐富的動植物。而為了要提供適合這些動植物生活的環境，自然就得增加更多綠地。

福爾摩斯住的貝克街221 號 B，附近有好多福爾摩斯的圖像，讓你覺得一經過就真的會遇到福爾摩斯。

每 15 分鐘鐘響的大笨鐘、每天 11 點白金漢宮的衛兵交接。

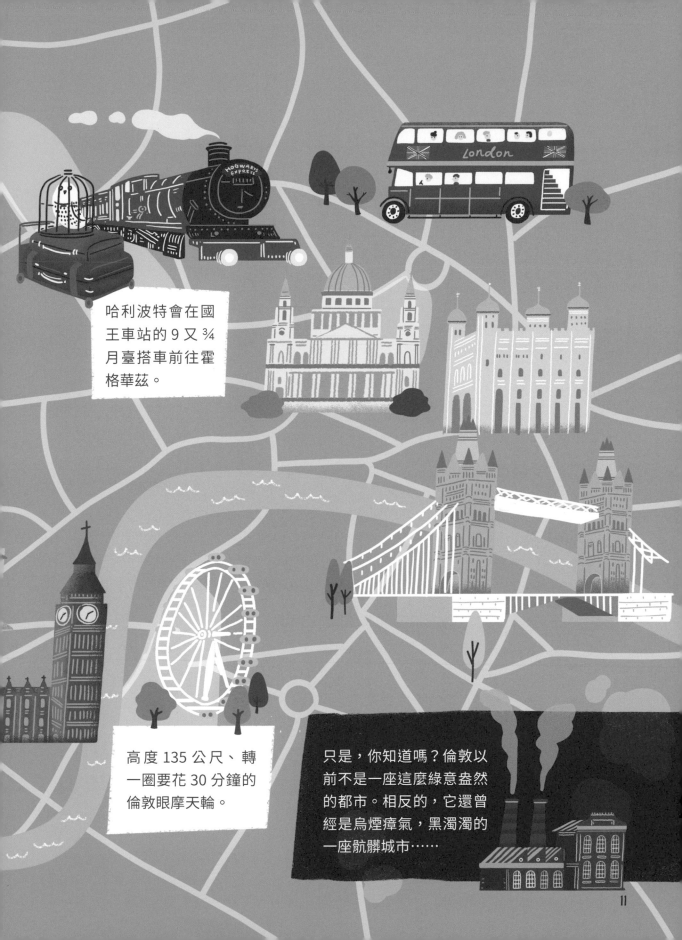

哈利波特會在國王車站的 9 又 ¾ 月臺搭車前往霍格華茲。

高度 135 公尺、轉一圈要花 30 分鐘的倫敦眼摩天輪。

只是,你知道嗎?倫敦以前不是一座這麼綠意盎然的都市。相反的,它還曾經是烏煙瘴氣,黑濁濁的一座骯髒城市⋯⋯

從前從前的黑色霧都

倫敦瀰漫著朦朧美的氣息，擁有「霧都」的稱號，然而這些「霧」是霧霾，其實源自於工業革命所產生的嚴重汙染。人們大量使用煤炭燃料發電，只要遇上了寒冷大霧的天氣，燃燒產生的汙染物質就和霧結合成伸手不見五指的有毒煙霧。

當時倫敦的汙水管線還不完善，大部分廢水都貯存在地窖的汙水坑。當汙水太多便會溢出來，一路排進泰晤士河，讓泰晤士河頓時變成臭水溝。更糟糕的是，泰晤士河是當時人們的飲用水來源，所以造成許多人拉肚子和死亡。

以 18 世紀的蒸汽機為起點，工業革命讓很多原本需要大量人力與手工的工作，被機器取代。人們不用反覆勞動，但也很多人因此失業。他們被迫離開鄉村，來到都市尋找新工作。到了 19 世紀末，也是《福爾摩斯》書中的年代，醫療改善、經濟發達，人口增加得越來越快，但是都市基礎設施跟不上人口成長的速度，整個環境變得越來越糟糕。

從乾淨鄉間移居到汙濁都市的人們，自然受不了這麼糟糕的環境。倫敦人希望在城市中也能看見秀麗的鄉村風光，進而改善生活品質。因此，倫敦從周圍的居民廣場開始綠化。這些綠地原本是設計給公眾使用，不過，隨著經濟轉型，都市中的綠地卻漸漸變成貴族及資產階級的特權，種滿樹林與灌木叢的綠地變成私人庭院，與街道上的髒亂形成強烈的對比。

這樣下去太不公平，是不正確的！好不容易，在龐大的社會輿論壓力下，英格蘭的皇家花園才成為倫敦第一座重新對公眾開放的公園。漸漸的，許多綠地也都不再為私人所有，社會大眾開始有機會享受去公園綠地放鬆身心的權益。直到 20 世紀，人們才終於建立起綠地該公有化的概念。

綠的價值、倫敦的綠

比起蓋得滿滿的水泥森林，都市的「綠」更帶給經濟、環境、生活品質很多幫助。比方說，店家附近有進行綠化，消費者會願意停留更久，員工工作效率也會變高。甚至有人計算每投資 1 元在樹木和林地上，可以對當地產生 9 元的效益。

綠化也解決都市更熱、空氣更汙濁的問題。光是想到夏天站在路口等紅燈時，如果頭上有樹蔭，那是一件多麼舒服的事啊。根據研究指出，樹蔭能讓周遭的氣溫下降 2 到 8 度，簡直是一臺自然的冷氣。

倫敦有多綠

綠化有這麼多好處，那我們來看看倫敦的綠化成果吧。要說起倫敦有多綠，或許可以先從綠化裡的 MVP「超大型公園」來切入。在倫敦裡就有好幾座 MVP，最小的仍有 19 公頃，最大的里奇蒙公園則是將近 1000 公頃。這麼多超大型公園，在天氣好的時候，往往就能看到許多市民在公園裡野餐、運動、或是坐在露營椅上看書，享受悠哉的午後時光。

1 公頃有多大？

生活中不常用到公頃，有點難想像。讓我們來換算一下，1 公頃是 10000 平方公尺，學校 1 間教室包含走廊，大概是 100 平方公尺左右，所以 1 公頃有 100 間教室加走廊這麼大。

臺北的 MVP 綠地

臺北市的超大型公園 MVP 則是大安森林公園，
占地約 25 公頃；比起倫敦的里奇蒙公園，面積只有¼₀。
在這個相對「迷你」的公園中，常常可以看到市民來運動、野餐
或是舉辦市集活動。

這樣的比較，大致能讓我們想像倫敦有多綠。但其
實如果認真思考，你會發現還有一些不清楚的地方。
比方說，雖然倫敦的超大型公園很多，可倫敦是一
座超級大都會，臺北市相較之下小很多。這樣比會不
會不公平呢？還有，如果你去過倫敦，可能就知道
里奇蒙公園是在市郊，如果要把郊外的綠地算進來，
那臺北市北端可是有一整座陽明山國家公園！

要清楚說明一座城市有多綠，不能光靠超大型公園，
得認真找一些數字、算一些數學。

$$1 \text{ 里奇蒙公園} = 40 \text{ 大安森林公園}$$
$$= 100000 \text{ 教室} + \text{走廊}$$

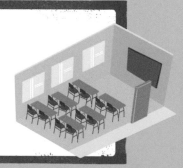

綠的三個目標

越大、越近、越綠

倫敦為了讓自己更加綠化，持續往三個目標邁進：越大、越近、越綠。而這也是我們最常拿來衡量一座都市有多綠的指標。顧名思義，越大的意思就是公園、草地的面積越大；越近是指市民越容易來到這些綠地；越綠則表示同樣是綠地，草地跟森林是完全不同的綠化程度。換句話說，市中心的一座森林公園，比起郊區同樣大小的一片草原，因為市中心更方便民眾前往，以及樹木的綠化程度更高，所以前者的綠化價值更高於後者。

接下來，就讓我們看看該運用哪些數字或是計算方式，來精確表示出更大、更近、更綠這 3 個指標，也同時看看倫敦的這 3 個指標有多厲害吧！

誰的公園最大、最近、最綠？

想想看，如果有一天倫敦市長要來臺北市參觀，沒想到倫敦市長一看到大安森林公園，就覺得臺北市太弱了，兩位市長當場就想比比看誰的公園政績最好？你有辦法從這些對話判斷誰的政績好嗎？如果不行，是不是覺得哪裡怪怪的？

誰的公園比較大？

臺北市長：
我的公園大到裡面還有湖！

倫敦市長：
我的公園大到可以養鹿！

誰的公園比較近？

臺北市長：
我的市民只要搭捷運就可以到公園。

倫敦市長：
我的市民只要走路就可以到公園！

誰的公園比較綠？

臺北市長：
我的公園跟綠色彩色筆一樣綠。

倫敦市長：
我的公園跟樹葉一樣綠。

綠地越大越好

「看誰的綠地大」，就像在同樣大小的方格紙上著色，綠色的格子數目越多，綠化就越成功，這是最直觀的綠化評估標準。不過，就算是這麼直觀的比較，也有一些細節。舉例來說：25 格的方格紙有 12 塊綠格，100 格的方格紙有 21 塊綠格，就不能光看綠格的數目，還要考慮整張方格紙的格數，進而算出「相對」的結果，這才是公平的比較。

$$\frac{12}{25} > \frac{21}{100}$$

綠地覆蓋率與人均綠地面積

透過方格的綠色面積比較，就是都市綠化的第一個指標「綠地覆蓋率」：綠地面積與都市面積的比例。

舉例來說，整個大倫敦區域約有 1600 平方公里，其中有將近 700 平方公里的綠地，包括了公園、自然環境、戶外運動場所等，換算起來超過 40% 的綠地覆蓋率。

但這個指標還不夠完美。想像一下，如果公園擠滿人，去之前還要拿號碼牌排隊，那就失去「提供市民休閒場所」的意義。因此，除了用都市面積比較，另一個指標「人均綠地面積」也常被拿來使用。人均綠地面積是計算每位市民能享受的綠地大小。以倫敦約 900 萬人口來說，每個人能享受的綠地約是 78 平方公尺，略小於 1 間教室加走廊（約 100 平方公尺）。算起來倫敦市民真是很幸福呢。

綠地覆蓋率 $= \dfrac{綠地面積}{都市面積}$

人均綠地面積 $= \dfrac{綠地面積}{都市人口}$

人口、都市面積、
綠地面積的三角謎題

綠地覆蓋率與人均綠地面積，這兩種指標各有各的意義；從圖也可以清楚看出是人口、都市面積、綠地面積等 3 種數值的比例。

每人平均綠地面積

綠地面積

綠地覆蓋率

都市人口

都市人口密度

都市面積

Q1

你有沒有發現，在都市面積跟都市人口中間還有一個比例存在？

ANSWER 都市人口密度＝都市人口／都市面積

Q2

現在請你想想看，為什麼下列這條等式正確呢？

每人平均綠地面積 × 都市人口密度＝綠地覆蓋率

ANSWER 每人平均綠地面積的意思是「1 個人能擁有多少綠地」，都市人口密度是「1 平方公尺的土地上有多少人」；相乘起來，自然就是「1 平方公尺的土地上有多少綠地」。套入實際數字就更好懂，如果 1 人有 3 塊綠地，1 平方公尺有 3 個人，就可以看出 1 平方公尺有 9 塊綠地。

CHALLENGE

根據 2018 年的新聞報導，臺北市的綠地覆蓋率約有 4.8%。臺北市面積約 270 平方公里，人口約 260 萬人。請列出「臺北市人均綠地面積」的式子，並用計算機計算答案。

ANSWER $4.8\% \times 270 \div 2600000 \approx 0.000005$（每人平方公里）

綠地越近越好

綠地是市民運動、休閒的重要場所，所以不只要計算平均每位市民使用的綠地大小，市民「花多久時間到綠地」也同樣重要。如果今天有一塊很大的綠地，能給許多市民使用，可大家都得開車1小時才能到，那恐怕只有假日全家出遊才有機會去了。

綠地不只大，還要近！

換句話說，綠地不只要大，還要放在對的位置。市中心的大公園，能讓上班族在中午休息時間去散散步、下班後去慢跑；前一秒在車水馬龍的街道上、後一秒就在草地上漫步。車聲、喇叭聲都被樹木隔絕，只剩下風吹過樹梢的沙沙聲響，還有悅耳的鳥叫聲。紐約的中央公園、臺北市的大安森林公園、東京的上野公園就是這樣的存在。而倫敦的8座大型皇家公園，其中5座位在市中心。整體來說，倫敦只有1萬多人（大約0.1%的倫敦市民）必須走路超過10分鐘*才能抵達公園。

*因為每人的走路速度不同，這份數據是用「走路10分鐘」來代表800公尺的距離。

綠地很「近」的定義

世界衛生組織（WHO）建議一座都市最好能提供每位市民平均9平方公尺的綠地；要能走路15分鐘以內就到。這樣的距離不需要舟車勞頓、也不需要事前特別規劃，心血來潮想散步，或是朋友發訊息要去打球，都能立刻說走就走。

蓋一座很近的綠地

如果倫敦政府接著想替這 1 萬多人解決公園太遠的問題，那麼新公園要怎麼蓋呢？該蓋在哪裡，這也是一個數學問題。

先從最簡單的問題開始：替兩戶居民蓋一座公園。假設哪裡都能蓋公園，蓋好了都能直接走到，不需要彎來彎去，那麼公園蓋在兩棟房屋連線的中點，是最好的選擇。如果問題是 3 戶，而且 3 戶房屋彼此的距離剛好相等，那最好的位置會在哪呢？首先，這 3 棟房屋會形成一個正三角形，最好的位子就是 3 條「中線」的交叉點。

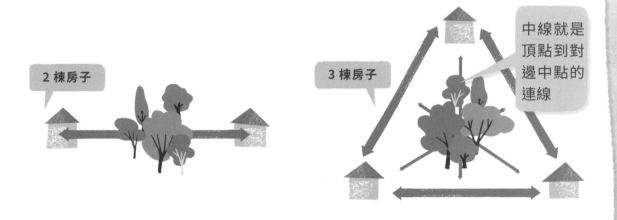

中線就是頂點到對邊中點的連線

如果是 4 戶彼此距離一樣遠的居民，剛好就是一個正方形，最好的位置就會變成正方形對角線相交的那個點。如果是正六邊形，則最好的位置也是 3 條對角線相交的點。

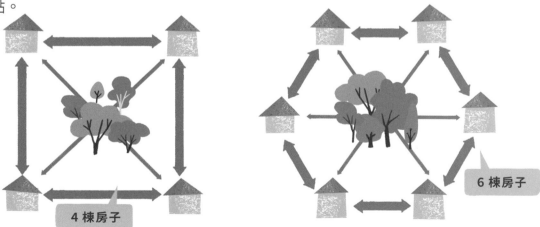

想想看 如果距離不一樣遠的 6 戶人家，又該怎麼蓋呢？

綠地越綠越好

綠色不是僅僅一種，就像 24 色、36 色的彩色筆，顏色種類越多、就會有越多各式各樣的綠：有像剛萌芽的淺綠，也有像站在茂密森林中、抬頭就能看見的深綠。同樣道理，綠地也有很多類型：有可以玩傳接球的空地草皮，或是美麗的花圃草地，還有遮陽躲雨的樹林。就像拔河比賽時人數越多越有利，但如果有體育班同學加入，就算人少一點，可能也會贏過其他班級。因此，評估都市綠化程度不能光以面積大小、距離遠近來衡量，還必須考慮每塊綠地「綠的程度」。

綠的程度這樣比

怎麼判斷綠的程度呢？最直接的方法是先定出草地、森林等不同等級的綠地類型，再派人去都市裡調查、分類每塊綠地。這樣的做法有些費力、耗時，於是專家們想到，不如靠衛星科技的幫忙，從太空中往下看，來比較哪邊比較綠。

衛星空照圖就像一幅畫，老天爺跟都市設計師合作，用各種綠色彩色筆畫出了運動公園、森林、草原等區域。這樣一來，不僅可以很快看出「哪裡有綠地」，還能分出每塊綠地上植物的數量、綠化的程度。

植生指數

專家透過衛星科技的幫忙，已經可以準確的計算出綠化程度，稱為「植生指數」。

$$植生指數 = \frac{近紅外光 - 紅光^*}{近紅外光 + 紅光}$$

*人眼可見的電磁波叫「可見光」，而紅光是可見光的一種。

植生指數的計算原理跟植物行光合作用有關。當植物行光合作用時，會吸收可見光當作能量來源，但卻不會吸收眼睛看不到的近紅外光。換句話說，如果衛星監測後發現，某個區域的可見光很少、近紅外光很多，就表示該區域可能存在很多植物。如果兩者差不多，則表示該區域可能沒什麼植物。

於是，科學家就用「近紅外光－紅光」的差值來估算植物的量，差值越大、該地區可能有越多植物。最後，由於每個區域反射回來的光線強度不一樣，如果要比較不同區域，更好的做法是「近紅外光－紅光」要再除上總光量。如此一來，我們就能用－1到1的數值表示「有多綠」這件事。數值越大就越綠，像是森林超過 0.6，是綠化程度很高的區域。

臺灣的城市有多綠

看完倫敦後,再看看腳下這塊寶島吧。臺灣都市化的歷史比起歐美的大城市來得晚,一直到 1920 年,臺灣才正式出現了「都市」這個名詞。之後,國民政府來臺,帶動臺灣人口、經濟成長和都市擴張。到今日,臺灣是世界上都市化程度最高的地區之一,有將近八成的臺灣人都住在都市。只是,在酷熱的夏天,走在臺灣都市的街道時,許多人或許會想抱怨都市的綠蔭實在太少啦!

其實政府也注意過綠地的議題。1955 年時,政府曾經想將永和改造成花園都市。根據當時規劃,永和將擁有 7 座公園,占整個永和⅑的面積;居民以 3 萬人為上限,人人都能有獨棟別墅、獨立庭院和車庫。道路則是仿效英國迂迴曲折的小徑,讓人們能徜徉在綠地公園之間。

臺灣都市的綠化程度

根據 2019 年營建署統計顯示,臺灣六都的綠地覆蓋率都沒有達到都市計劃法規定下限的 10%。以人均綠地來說,WHO 建議每人至少應有 9 平方公尺的綠地,在六都中只有高雄達標。

	新北市	臺北市	桃園市	臺中市	臺南市	高雄市
綠地覆蓋率	1.3%	4.8%	2.6%	4.7%	2.8%	8.7%
人均綠地使用面積(平方公尺)	3.58	4.07	4.04	8.25	6.38	10.17

可惜，理想很美好、現實卻很骨感。當時的設計者，用過去十年的人口成長率去推估未來三十年的人口，卻沒想到都市化速度驚人，永和居民在短短數十年間人口數暴增超過 6 倍。

而且，雖然大家都喜歡公園，景觀也能夠提高房價，不過前提是公園不是蓋在自己的土地上。畢竟，當土地變成公園後，就無法出租營利了。在民眾強烈的抗議下，7 座公園只剩 1.5 座，唯一完整保留下來的公園因位於中和而倖存——也就是四號公園。其他的⅒綠地不是變成學校、就是變成住宅。原本預計有 11.1% 的綠地面積，銳減到只剩 1%。從永和這個都市計劃失敗的例子，可以看出「綠化」在臺灣還有很長一段路要走。不過，歐美國家也是經歷了數百年的時間才意識到綠化的重要性，只能說臺灣都市化的歷史尚不滿百年，在綠化的部分，
我們還有許多可以做得更好的空間。

WHO 建議每人至少應有 9 平方公尺的綠地。9 平方公尺有多大？一張雙人床大約是 2.9 平方公尺，換算起來，每位英國人有 11 張雙人床的綠地，臺北市民卻只有 1.4 張。

11 1.4

倫敦相關的數學小故事
MATHEMATICAL STORY

數學不僅讓倫敦變成一個綠化城市，還曾經在 1854 年倫敦蘇活區的霍亂疫情中，拯救了許多倫敦市民的性命。

19 世紀時有 250 萬人居住在——嗯，髒髒臭臭的倫敦。當時倫敦湧入大量人口，衛生觀念與基礎設施都不足，牲畜與人們共同生活，排泄物與垃圾沒有好好管理與清潔（有時就直接在地下室挖一個糞坑）。倫敦繁榮的代價是骯髒，還有在骯髒中滋長的傳染病。當時，

霍亂是很嚴重的傳染病。倫敦在 1854 年前已經爆發過兩次大規模的霍亂，死了將近 1 萬 5 千人。倫敦當局對此束手無策，當時的主流觀點認為霍亂是「空氣傳染」，所以解決方法就是把聞起來臭臭的東西，全部處理乾淨就好。因此，他們把街道、糞坑都清除乾淨，再把穢物垃圾一股腦倒進河裡沖走。

問題是當時的飲用水也來自河水。有一位醫生約翰·史諾，覺得這完全是錯誤的行為，他認同另一派觀點：霍亂是水傳染。1854 年，當倫敦蘇活區爆發嚴重的霍亂，幾天之內有許多人死去。住在附近的史諾沒有選擇逃離避難，反而展開詳盡的調查。他知道蘇活區有一個許多人使用的汲水幫浦，他挨家挨戶調查，詢問是否有飲用該幫浦的水，以及是否有家人因為霍亂喪生。

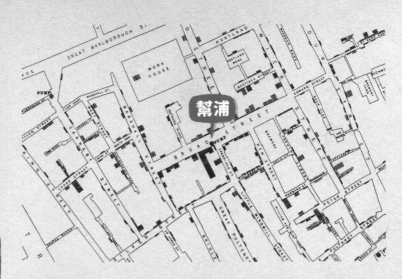

1854 LONDON CITY MAP

幫浦

卸下把手的幫浦依然保留在倫敦蘇活區。如果有機會去倫敦玩，可以繞過去看看這個不起眼卻有著重大歷史意義的小景點。

最後他得出了結論：許多飲用那個幫浦水的家庭都有人喪命，沒有飲用的大多逃過一劫。雖然有了這份強而有力的數據佐證，但他需要更簡單、能讓人更一目了然的呈現方式。於是他繪製了一張市區地圖，地圖上的門牌旁都有一條黑色長條，表示這住戶有多少人因為霍亂而喪生。從這張圖可以清楚看到，以幫浦為中心，越靠近幫浦的區域有越多門牌上被註記上長長的黑條。

史諾帶著這張地圖去宣揚他的論點，最終，倫敦當局認同史諾的論點，卸下了幫浦手把。之後的霍亂爆發，人們也因為知道是透過水傳染，所以特別注意飲用水的來源，從此霍亂不再是宛如黑死病一樣可怕的存在。這一切當然不能完全歸功於史諾的統計地圖，但它扮演了一個很重要的角色，讓更多人一眼就知道史諾想傳遞的資訊。

可惜的是，史諾醫生雖然阻止了霍亂，最後還是沒有找到真正的致病原因。霍亂其實是由霍亂弧菌造成，1854 年由義大利醫生菲利波·帕西尼分離出霍亂弧菌。

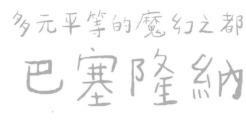

多元平等的魔幻之都
巴塞隆納

熱情又平等多元的巴塞隆納，從前可是有著充滿歧視又擁擠的街區。看看建築師如何用幾何與八角形推倒不平等的高牆，規劃出人性化又包容的整齊城區。

多元平等的魔幻之都

巴塞隆納

BARCELONA

位於西班牙的巴塞隆納，是面臨地中海的一座大城市，曾經被評選為 50 個人生必遊景點。有人說，巴塞隆納像是一張羊皮書卷，被放在地中海畔。幾千年來，人們用建築物在上面重複書寫，新的文字覆蓋在舊文字上，一個時代接著一個時代。

於是，當人們從世界各地造訪巴塞隆納，它的街道、建築物呈現出一種新舊交替的樣貌，以及建築大師高第在市區各處留下的魔幻建築。在巴塞隆納裡散步，常常走著走著，一個轉角後，一棟上千年的教堂、一座曲線繽紛的超現實建築物，就忽然現身在我們眼前。

而巴塞隆納還真的特別多「轉角」，因為它有著像是上帝設計一樣的完美棋盤格街道；更讓人驚訝的是，這是早在 150 年前就規劃好的！當時，都市設計師伊德坊・塞爾達花了很多時間設計，希望只要是生活在巴塞隆納，每一位居民都當擁有足夠的空間與便利多元的生活方式，不會因為社會階級、貧富差距而有截然不同的生活。

哥特區代表巴塞隆納的悠久歷史，保留著羅馬時代的建築痕跡。

高第的魔幻建築風格，透過任意的曲線打造出這座特色城市。

你是否有觀察到地圖上規律又整齊的正方格街道，這可是象徵這座城市的平等。

塞爾達滿懷這麼偉大的理念，其實正是因為曾經有一段時期，巴塞隆納是擁擠、不平等的象徵：有人享受舒適的居住生活，有人卻得住在狹小擁擠的閣樓中。

過去，就像我們在歷史故事裡常看到的中世紀古城，兩百多年前的巴塞隆納城區作為一個軍事要塞，外圍不僅有著一圈城牆，城牆外 1.5 公里之內還不得有任何建築物。但是原先為了保護人民安全的巨大城牆與限建禁令，卻限制了都市發展。也就是說，儘管城內多麼繁榮、熱鬧，卻不能向外擴張；城外只能是廣大的農田，所占的面積有城內的 20 倍大。

如同都市化、工業化替英國倫敦帶入了大量的人口，人們離開鄉村來到都市，遠在歐陸南方的巴塞隆納也有一樣的現象。從各地來巴塞隆納討生活的工人們，雖然替都市帶來了成長的力量，但是只能擠身在城內窮困的地區，過得很辛苦。

不僅如此，城裡面的許多黃金地段，都被宗教團體把持，一般人不容易取得。因此，面積有限的巴塞隆納，只能往上發展，出現了在當時來說很高的五層樓住宅。當時的環境，樓層越高、居住越不方便，所以高樓層的租金較低。而富裕階級則多住在最舒適的二樓，有著寬敞的陽臺。不只是居住，連劇院也有這樣「垂直階級」的現象，越上層的座位越便宜。當時還發生有人從劇院的高樓層往下扔炸彈的恐怖攻擊，抗議階級不平等。

各種問題都反應出一個狀況：巴塞隆納太小，容納不下這麼多人口。想要成為更偉大的都市，巴塞隆納需要做出改變。於是，人民在 19 世紀中期喊出「推倒城牆」的口號，決定摧毀城牆，將城外的空地納為都市腹地。

井然有序的擴展區

你是否去過臺灣老街,街道像是樹枝或血管一樣,有主幹道,還有分叉的小路、巷弄,彼此交錯穿越,那是住在城市各個角落的人們,為了生活自然而然開發出的道路。

如果我們化身成一隻小鳥飛到巴塞隆納,由天空俯瞰下去,將會看見和老街很不一樣的奇特景象。「擴展區」(eixample)幾乎是全世界最井然有序的街道。不像樹枝或血管,而像棋盤格一樣,多數的道路都落在兩個方向,彼此垂直、平行。整齊的街道,有助於市民們更順暢的移動往來,不需要在巷弄中鑽來鑽去;一塊一塊方形的街區,也能更妥善的規劃、利用。再仔細一看,如此整齊的街道,是由許多同樣很整齊、甚至可以說一模一樣的房屋所構成,西班牙語稱為 manzana。這些房屋雖然不高,但比臺灣常見的公寓都要大上很多,有點像一整個社區,由一棟棟複合式的建築組成,可以是住宅、也可以當作營業場所。

垂直又平行的街道

垂直是指兩條直線之間的夾角 90 度。平行則是指兩條直線彼此永遠維持一個相等的距離,不管延伸到多遠,都不會相交。

1 個 manzana 有多大？

是差不多一個自由廣場大。感覺這麼大一塊地應該可以住很多人吧！但其實沒有，一方面是每個 manzana 有樓高限制，比起一般公寓高不了多少；另外，很多 manzana 內部是一個正方形廣場，並不是所有空間都用來蓋房子。

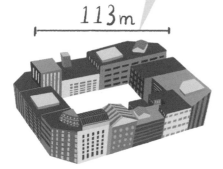

巴塞隆納的 **manzana**

113m

臺北市的中正紀念堂自由廣場

120m

每一個 manzana
的邊長是 113 公尺，
面積是 113×113 ＝ 12769 平方公尺

中正紀念堂的自由廣場
是一個 120×120 平方公尺的廣場，
就比 manzana 大一些些。

八邊形的 manzana

雖然從地圖上遠遠看 manzana 是正方形，但仔細一看，建築物並不是正方形，而是四個邊角都被削掉一個三角形，變成了八邊形。把正方形的直角削除三角形的方法稱為「倒角」，在某些桌子或牆壁會看到，可以讓邊緣不要那麼尖銳，免得碰撞受傷。可是建築物那麼大一棟，應該不會有人撞到受傷，既然如此，為什麼又要製作「倒角」呢？這可是來自於塞爾達的巧思，他希望既能讓車輛在路口轉彎時，可以更順暢，又可以讓原本擁擠的十字路口開闊些，甚至變成一個小型的八角廣場。

不過一次要在擴展區建造這麼多八邊形 manzana，而且還要保持相同大小、角度的倒角，可以想見塞爾達需要用數學好好規劃一番才行。因為要是建築工人隨便亂切、亂蓋，就枉費擴展區的完美設計了，所以來看塞爾達怎麼用數學精確的畫出 manzana 的設計圖吧！

不完美的八邊形

首先，就像方形包含正方形、長方形、平行四邊形等，我們來看看 manzana 屬於哪種「八邊形」。很明顯的，它每個邊長都不一樣，所以不是一個正八邊形。

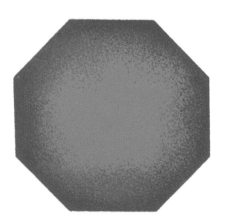

正八邊形

manzana

倒角的三角形

manzana 被切出的三角形又是哪一種「三角形」？這個三角形靠近十字路口的角是90度直角；交會在直角的兩條邊，長度一樣，所以這是一個「等腰直角三角形」。在塞爾達的設計中，這個直角三角形斜邊固定是20公尺。

知道這些，其實我們就可以運用數學「畢氏定理」，計算出被切掉的三角形，當中的兩條邊長有多長了。畢氏定理可以推算出一個等腰直角三角形，它的斜邊長度約是兩條「腰」的1.4倍。因此，不需要實際測量，就能知道被切掉的三角形，約是一個邊長各為14、14、20的等腰直角三角形。原本113公尺的街廓，每條邊各被削掉14公尺，就剩下了85公尺。所以，一座 manzana 不是正八邊形，有4條邊長是85公尺，另外4條邊長是20公尺。

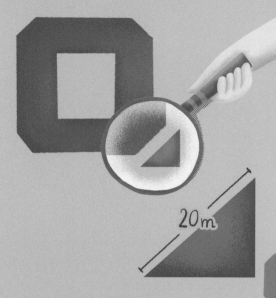

直角對面的那條邊稱為「斜邊」，是直角三角形中最長的邊。

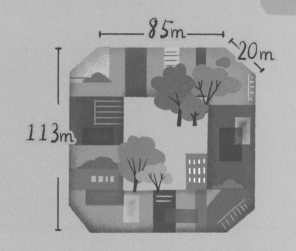

畢氏定理

畢氏定理是以古希臘數學家畢達哥拉斯為名，但其實早在他之前，世界各地就有數學家發現這個關於「直角三角形」的神奇特質：只要把直角三角形與直角相交的兩條邊長自己相乘再相加，就會等於斜邊長度自己相乘。

例如：
邊長各為3、4、5的直角三角形，
$3 \times 3 + 4 \times 4 = 5 \times 5$

寬敞的八角路口

為什麼擴展區的 manzana 要捨棄完美的正八邊形,而採 4 個斜邊長各是 20 公尺的特殊八邊形呢?因為塞爾達當初設計時,建築物在路口的斜邊長 20 公尺,正是為了跟馬路寬度一樣。事實上,擴展區裡有兩種八邊形,一個是建築物、一個是十字路口處。4 棟建築物與 4 條馬路的寬,所圍成的八邊形,而這才是正八邊形。

據說,當年規劃擴展區時,塞爾達不僅想要讓街道是方方正正的棋盤格,還設計了非常寬的道路,希望能安裝鐵軌,導入蒸汽火車。而為了讓火車轉彎方便,才將十字路口銳利的 4 個 90 度轉角往外推,變成了八邊形的空間。

雖然後來塞爾達的蒸汽火車夢想沒有實現,可是它留下的正八邊形路口,還是為當地居民帶來非常多的優點。原本十字路口就是人來人往,車流交會的地方,拓寬的路口不僅讓車輛轉彎更容易,空氣流通更順暢,視野更大,過馬路的等待時光也變得更舒服。並且倒角增加了路邊的長度,方便更多車子臨停、上下車。

唯一不太方便的是，原本直走的人行道，現在都會在每個路口都多轉彎一下，變成鋸齒狀的走法。除了得走更遠，在路口等紅綠燈時，一不小心就會走錯，在不該轉彎的地方轉彎。不過，看在擴展區的每個路口都那麼美，多走一點路，甚至迷路一下，應該也是一種休閒享受吧。

汽車轉彎
沒辦法直接原地轉 90 度，
而是要轉動前輪，像畫圓的方式轉彎。前輪就像圓規的筆，後輪則像圓規的針。如果一直這樣開，汽車會畫出一個圓；這個圓的半徑，稱為迴轉半徑。因此，倒角往內縮的路口比起原本直接的路口，就更方便汽車轉彎了。

用 manzana 玩積木

雖然每個 manzana 看起來都一模一樣。不過，就像積木是從一個基礎的樣式，衍伸出不同的顏色跟變化。當初塞爾達在規劃 manzana 時，也發展出幾種不同的版本。比方說有一款的四邊中只蓋了兩邊，而且這兩邊彼此垂直。這樣的 manzana 單獨一個好像沒什麼特別，可是 4 個圍在一起，就能在中間製造出一個大廣場，或是變成一個大公園。

或者，這種 manzana 也可以轉個方向蓋，除了讓公寓與商店聚集在中心，生活機能更便利，每個 manzana 也擁有各自的廣場空間。

還有一種 manzana 只蓋了兩邊，兩邊彼此平行。運用這種 manzana，就可以製造出一條寬敞的帶狀廣場。

事實上，塞爾達還有另外設計兩種 manzana：
一種是蓋滿三邊，像是視力檢查的 ⊏ 字形；另外
一種是兩條平行，但不是蓋在邊上，而是內縮的
兩條建築物。因此，塞爾達的原始設計圖上，可
以看到擴展區由這些形狀組合著。

沒想到，僅僅變化 manzana 形狀
與排列組合，就能營造出不同的
社區風格。讓用 manzana 為基礎
而設計出來的擴展區，不僅不單
調，而是在協調中，展現出繽紛
多元的樣貌。

可惜的是，當巴
塞隆納需要更多居住的
空間時，原本的 L 型、平行
設計的 manzana，都被迫變成了 4
邊要蓋好蓋滿的形狀，讓更多人居住。因
此，我們現在看到的擴展區，也大多是 4 邊蓋滿的
形狀。只能說現實跟理想之間，還是有很多妥協的地方。

快速通道
對角線大道

棋盤格街道的優點除了整齊美觀,走起路也很方便——除非你想去城市的另一端。舉例子來說,今天要從都市的左下方走到右上方,在棋盤格的都市裡,因為都只能往上與往右,距離不變的情況下,不管你選擇在哪裡轉彎,所走的路都不會減少。

想像一下,如果是在有毒辣陽光與高溫的正中午,或是在下著滂沱大雨的午後,能少走一步路都好,這時候的棋盤格道路,反而成了困住行人的迷宮,讓大家沒有選擇,只能加快腳步。我們會想到的問題,塞爾達當然也會想到。於是,擴展區裡有一條知名的對角線大道(Avinguda Diagonal)。顧名思義,對角線是長方形裡兩個對面的頂點所連成的一條線,而對角線大道貫穿了市區,提供了市民一條捷徑。

為什麼對角線一定比較快呢？你可以想像如果有一個三角形，不管從哪個角往下壓，把兩條邊壓到第三條邊上，你都會發現壓下去的兩條邊長加起來，總是大於第三條邊。這個就是一個數學定理：三角形的兩條邊，長度加起來，一定大於第三條邊的長度。回到長方形，對角線跟兩條垂直的邊剛好可以形成一個三角形。在沒有對角線的情況下，不管怎麼走，總長度都跟互相垂直的兩條邊總長度一樣。而對角線是另外一條邊，長度當然小於水平和垂直的距離。

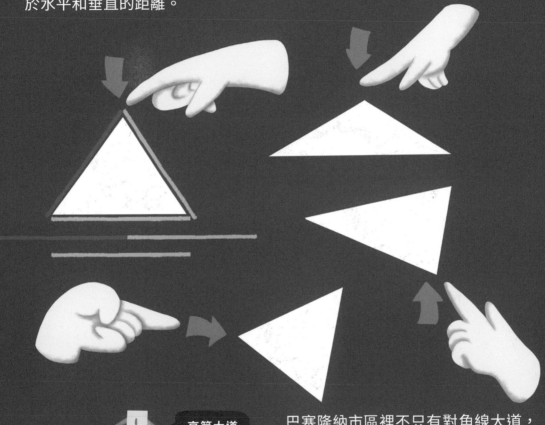

高第大道

巴塞隆納市區裡不只有對角線大道，還有幾條長長短短的斜道路，比方說高第大道，是以巴塞隆納知名建築師高第命名，連結了號稱全世界最美的聖十字保羅醫院與高第的聖家堂。這條路就一口氣貫穿了 4 個 manzana 區域，成了知名的散步路線。

臺灣的都市再造

巴塞隆納在經過推倒城牆運動,與塞爾達高瞻遠矚的規劃,設計出舉世聞名的擴展區與 manzana。臺灣雖然沒有這麼大型的都市再造計劃,但像是大家常聽到的「重劃區」,也是一個都市再造的例子。重劃區的意思是,有一塊區域原本屬於很多不同的地主,而每個人所擁有的地,大小、形狀、位置等都很凌亂,有些時候可能一條馬路過去,又把同一塊地主的地給切成兩半,而馬路街道也可能是在不同時期蓋好的,沒有一致的規劃,就像那些老市區裡蜿蜒錯綜的街道巷弄一樣。也有的重劃區,可能原本沒住人,像是臺北市的奇岩重劃區,早年是採石場、回收業者作業的地方。這些使用效益不好的區域,經過政府或民間努力後,大家重新分配土地所有權,重新規劃街道,就會大幅提升該區的居住品質。

臺北市信義區都市計劃

1960 年代
信義區還是一片稻田

1980 年代　世貿中心和君悅飯店開始興建

1990年代

臺北市政府開始有了雛型，
也進駐了第一家百貨公司

2000年代

臺北 101 大樓完工，
成為臺灣第一高樓。

除了重劃區，臺灣也有一些更長期的都市計劃，像是臺北市的信義區。信義區現在是臺北市最熱鬧的商業區，可在幾十年前，那裡就像被擋在巴塞隆納城牆外的空地一樣，是一望無際的農田、荒地。經過多年的建設，雖然不像擴展區那樣，有一致且充滿特色的 manzana 與八角街廓，但我們還是可以看到許多共同之處：相較於老城區更寬敞的馬路，以及棋盤格的街道，還有更大的街廓。也因為多是筆直的街道，圍出來的街廓自然也都是長方形、梯形或其他的四邊形。除了信義區，臺中市七期重劃區也是一個很棒的例子。

或許都市設計師在規劃時沒有時時刻刻都在想著數學，但當他們為了帶給人們更便利的生活，打造出更舒適的都市後，仔細一看，裡頭充滿了數學的元素。

高第建築裡的魔幻數學

MAGICAL MATHEMATICS IN GAUDÍ'S ARCHITECTURE

巴塞隆納的古老與現代交雜的建築風格，不僅吸引眾多遊客慕名而來，也獲得許多建築獎項，甚至有 8 座建築物獲選世界遺產，當中建築師高第的作品就占了 7 座。

安東尼・高第出生於西班牙，在巴塞隆納學習建築學，他設計的建築作品常常結合歷史、數學和自然等元素。因此，高第的作品充滿了生命力的曲線和類似生物型態的裝飾，被稱為「上帝的建築師」。今天要找出高第藏在建築裡的數學祕密。

魔幻的數字方陣：幻方

在聖家堂的某個入口，有一個石刻的 16 宮格。這個 16 宮格裡，不管數字是直著加、橫著加還是斜著加，加起來都是 33。在數學裡，這種每一排、每一列和對角線的數字相加總和都相同的方陣，稱之為「幻方」（Magic Square，又叫做「魔方陣」）。

幻方的規定是每一格的數字都不能重複，但是聖家堂的 16 宮格裡面，卻有兩個 10 和兩個 14，取代了 12 和 16。另外，本來四個數字相加之後應該是 34，聖家堂的版本相加卻是 33，這暗藏著什麼玄機呢？原來 33 是耶穌受難時的年紀，這座教堂可以說是處處隱藏著虔誠教徒對耶穌的尊敬。

1	14	14	4
11	7	6	9
8	10	10	5
13	2	3	15

第一行：1 + 14 + 14 + 4 = 33

第二行：11 + 7 + 6 + 9 = 33

試試看，你還可以找到幾組 4 個數字加起來等於 33 ？

上帝的傑作：懸鏈線

高第是個虔誠的天主教徒，他曾經說過：「直線屬於人類，曲線屬於上帝。」因此，他在建築作品中大量使用各種曲線。除了生活中常見的拋物線、雙曲線，高第還使用了「懸鏈線」（Catenary）這種特別的曲線來設計建築作品。

懸鏈線是兩個端點垂吊著一個均勻重量的鐵鍊時，所呈現的一種曲線，可以在碼頭的鐵鍊護欄上看到。

在高第的建築作品中，外觀呈現波浪曲線的「米拉之家（Casa Milà）」也藏有不少懸鏈線結構，像是有著懸鏈線結構的拱形閣樓。

甚至在展覽廳裡還可以看到這個懸鏈線模型，模型底下有個鏡子，映照出「懸鏈線拱」的形狀，是不是隱隱約約發現聖家堂的影子呢！

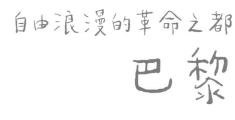

自由浪漫的革命之都
巴黎

法國巴黎的每一條路就像在走時尚展的伸展臺，充滿時髦氛圍。然而從前的巴黎卻是陰暗又潛藏危機，直到建築師靠著圓與直線的靈感，開闢出寬敞又明亮的放射大道。

走在知名的香榭麗舍大道，
廣闊的道路配上周圍的樹木
與精品店，就好像登上巴黎
時尚週的伸展臺。

艾菲爾鐵塔也是巴黎
的著名地標，當初為
了世界博覽會而興建，
1991 年時艾菲爾鐵塔
與巴黎塞納河沿岸一
起被列入世界遺產。

自由浪漫的革命之都 巴黎 PARIS

如果玩都市連連看，找出都市和最適合的形容詞配對，最容易和巴黎配對的形容詞一定是「浪漫」。諾貝爾文學獎得主海明威曾說「巴黎是一場流動的饗宴」。塞納河畔的咖啡廳，羅浮宮、凱旋門、艾菲爾鐵塔……走在巴黎街上，街景彷彿被修圖軟體套上一層羅曼蒂克風格濾鏡，每個景色都美得像是美術館裡的畫作。

不管在巴黎哪條街道上散步，感覺起來都特別愜意自在。走在知名的香榭麗舍大道上，八線道寬敞的車道，行道樹隔開馬路，還有寬廣的步行區。大道的一端是協和廣場上的埃及方尖碑；另一端，遠遠就可以看見高聳的凱旋門。

從凱旋門頂端往下看，就會發現原來視野這麼遼闊；再仔細一看，從圓環放射出去的 12 條道路，像時鐘一樣精準的把 1 個圓等分成 12 份。凱旋門的圓環宛如巨大的漩渦，吸進了所有開進來的車子；車子繞著凱旋門旋轉，然後再順著某條大道流出。圓環搭配著凱旋門與美麗的都市規劃，襯托出巴黎作為歐洲大陸中心的身分。

羅浮宮與廣場中央的玻璃金字塔，可說是巴黎象徵傳統與現代互相撞擊下的經典建築物。

然而，過去的巴黎卻不像現在這麼時尚與浪漫。從前從前的巴黎街道可是狹窄又陰暗。

從前從前的陰暗巴黎

LUTETIA PARISIORUM URBS, TOTO ORBE CELEBERRIMA NOTISSIMAQUE, CAPUT

你很難想像,有著林蔭大道,整齊劃一的巴黎市區,在兩三百年前完全不是這個樣子。從前的巴黎市區擁擠不堪,有些巷子寬度只有 1 到 2 公尺,1 個人躺下來就會完全擋住路。從倫敦跟巴塞隆納的故事中我們知道,擁擠市區會帶來髒亂,髒亂會帶來疾病。當時有一些對政府不滿的民眾也趁著狹小街道的掩護,展開各種示威抗議。

那個時期的巴黎政府不太在意，著
名的法國思想家伏爾泰就曾抱怨過， 政府寧可
放煙火慶祝，也不願意好好改建巴黎。不過這個願
望，當時的皇帝拿破崙聽到了。他除了四處征戰之外，
還在巴黎修建運河，開始改造市區。很可惜的是後來拿破崙
因為滑鐵盧戰役戰敗被流放，這項巴黎改造工程就暫停了。拿破崙為此感
嘆，倘若再多給他 20 年的時間，他可以創造出一個截然不同的巴黎。還好，
這個願望依然後繼有人，拿破崙的侄子拿破崙三世接替完成這項任務。

讓巴黎露出雄偉曙光的奧斯曼

面對陰暗的巴黎，拿破崙三世決心大刀闊斧改造這座偉大城市，他希望開闢出新的道路、整齊劃一的市區，能讓陽光照到這座城市的每個角落。於是他任命喬治-歐仁・奧斯曼男爵負責整個改造計劃。

這項改造工程預計拆除近 2 萬座舊房子，並且重
鋪許多條大道後，再蓋上 3 萬多棟新房子。奧斯曼還注
入了許多現在已經被視為巴黎的代表元素：林蔭大道、噴水
池、公園、廣場。這些都在呼應拿破崙三世的信念，讓燦爛的
陽光公平灑落在都市各處。奧斯曼還精心打造了以凱旋門為中心的
12 條放射大道，讓巴黎市民不管在哪裡，都只要幾步路走到大道上，
便能看見雄偉的凱旋門。而凱旋門也成為巴黎人們移動的中心。

這項大改造長達 20 年，鉅額的花費讓奧斯曼飽受批評。而且，儘管拆除舊房子是
為了有更好的生活品質，但是許多人的回憶也會因此消失。因此，社會出現種種反
對聲音，有人還說他是城市的開膛手，奧斯曼最後也沒有完成整個改造工程就黯然
下臺。但後人還是繼續努力，最終打造出了我們現在看到的花都巴黎。

12 條放射大道的中心 凱旋門

12 條放射大道上最著名的建築物就是凱旋門。不過你知道嗎？常有人說巴黎有 3 座凱旋門。除了最知名，位於戴高樂廣場的凱旋門，還有羅浮宮附近的小凱旋門（卡魯索凱旋門），以及巴黎市西方商業區拉德芳斯的一座巨大建築物「大拱門」，人們也稱它為新凱旋門。

新凱旋門

凱旋門

小凱旋門

小凱旋門與凱旋門都是拿破崙所打造。當時，拿破崙帶領法國在歐洲打了許多場勝仗，為了慶祝勝利，他規劃了這兩座凱旋門，並且告訴將士們，會讓他們在回國時，能光榮的通過凱旋門。小凱旋門高 19 公尺、寬 23 公尺、厚 7 公尺，很快就蓋好。大凱旋門設計時，高達 50 公尺、寬 45 公尺、厚 22 公尺，建造進度很慢，加上後來拿破崙被推翻，生前沒機會看到它蓋完。過世後十幾年，拿破崙的遺體從海外被迎回巴黎時，巴黎人幫他完成了遺願，讓他唯一一次的通過了凱旋門。

凱旋門有多大？

遠在法國巴黎的凱旋門雖然有了數字標示長寬高，在腦中似乎也很難想像有多大。這時就可以用熟悉的建築物來比較看看，像是用中正紀念堂裡「自由廣場」的主樓牌來對照。自由廣場主樓牌高度 30 公尺，凱旋門高度 50 公尺，所以凱旋門約是主樓牌的 1.7 倍高；主樓牌寬 80 公尺，而凱旋門是 45 公尺，只有主樓牌一半多一點點。主樓牌是傳統的中式樓牌，沒有什麼厚度，但凱旋門的厚度達 22 公尺。厚度與寬度乘起來的占地面積約是 45×22 ＝ 990 平方公尺。

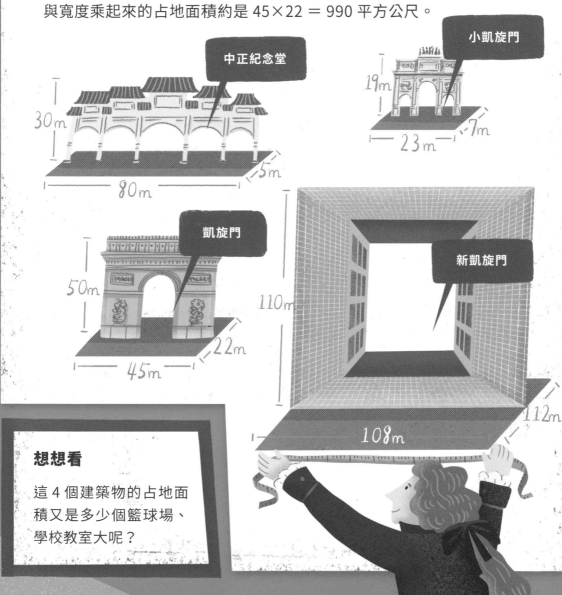

想想看

這 4 個建築物的占地面積又是多少個籃球場、學校教室大呢？

12 條大道與圓心角

圓心角是圓上兩條半徑連結後，在圓心處形成的夾角。
等分圓心角是指圓上所有的圓心角角度都一樣。

巨大的凱旋門坐落在半徑 120 公尺的戴高樂廣場上，由空中往下俯瞰，12 條大道彷彿星星一樣綻放出 12 道光芒，就像中華民國國旗一樣。最初，這裡只有 5 條大道，後來在奧斯曼的改造下，變成了 12 條大道。而凱旋門正對著就是舉世聞名的香榭麗舍大道。

從空中再仔細看，每條大道彼此之間好像都「間隔一樣遠」，意思是兩條大道之間的「圓心角」一樣大。戴高樂廣場就像是一個 360 度的圓，每條大道就像是切披薩或切蛋糕，每一次切出來的形狀，其尖尖的部分就是圓心角。如果圓上有 3 條半徑，彼此間隔一樣，剛好 3 等分這個圓，圓心角則是 120 度。戴高樂廣場的 12 條大道，如果間隔一樣的話，就是將圓形做了 12 等分，鄰近兩條大道之間的圓心角是 360 ÷ 12 ＝ 30 度。

實際到圓環一看，你會發現這上面完全沒有車道的標記和交通號誌。駕駛在圓環上都是憑著感覺，保持跟左右車的距離，如果是外地來的車輛要開進去，還真是需要不少勇氣。

全世界第三大的圓環

凱旋門圓環，是全世界交通最繁忙的圓環之一。原因主要是來自 12 條不同道路的車子，同時進來圓環後各自又朝向不同的目的地離開，比方說從香榭麗舍大道進來，沿著圓環再開往對面的大軍團大街；或是香榭麗舍大道進來，再開去垂直 90 度的瓦格蘭大街。

香榭麗舍大道的車子可以經過半個圓環開往對面的大軍團大街。

香榭麗舍大道的車子經過 ¼ 個圓環開往垂直 90 度的瓦格蘭大街。

那麼單獨繞一圈圓環有多長呢？以圓環半徑 60 公尺來估算，圓周長的公式是「直徑乘以圓周率」，讓我們用 3.14 來代表圓周率：圓環的周長約是：60×2×3.14 ≈ 377 公尺

圓環一圈 377 公尺接近學校 200 公尺操場跑道的兩倍。距離不是多長，可是因為裡面車流很多，車子進進出去、走走停停，所以一不小心，就在裡頭塞上一陣子。凱旋門圓環馬路寬度是 35~40 公尺。道路平均寬度 3 公尺來說，圓環差不多有 12 條車道寬。如果你不敢開進這個圓環，還有一個辦法是走圓環外側的圓環道路。只是，它的半徑約是 150 公尺，圓周長將近 1 公里。加上中間得穿過好多條大道，花上更長的時間才能抵達目的地。

想想看 開車在巨大的凱旋門圓環，最內側跟最外側也差了不少距離。從文章中你已經知道內外側車道的半徑差 35 公尺左右，請問一圈相差幾公尺呢？

交通不圓滿的圓環

圓環的優點

站在通往凱旋門 12 條大道上的任一條，都可以一覽無遺的看見凱旋門，也很容易前往此處，作為國家重要的地標所在，這樣的設計是再好不過了。也因為匯集了 12 條大道，正中間又有凱旋門，自然而然會設計成圓環的交通方式。凱旋門圓環是最早期的圓環之一。後來，甚至世界各地都有圓環。跟一般的十字路口比起來，圓環有哪些優點呢？

首先，十字路口需要有交通號誌，但在圓環中理論上車子都是右轉進入圓環，或是右轉離開圓環，只有在圓環裡變換車道時才要注意周圍的車流。因此，國外許多圓環其實就像凱旋門圓環一樣，不需要交通號誌管控。也因為車子開的方向都一致，不像十字路口那樣要你等我、我等你，或是有人要直行、有人想左轉，會需要更注意四面八方，出事的機率也更高。

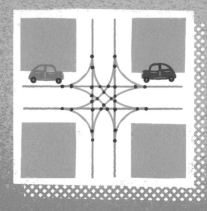

十字路口由兩條馬路交錯而成，每條馬路都是雙向，車輛又有左轉與右轉 2 種方向，數數看，每條直線路徑上都有 8 個可能肇事的位置，總計就有 32 個（黑點），難怪需要紅綠燈管制每條車流。

同樣的 4 條馬路和複雜的車流，在圓環卻只有在車子進出的 8 個位置黑點有出事的風險，少了車子交會以及左右轉的肇事可能性。這樣一比較，是不是安全了許多呢？

除此之外，有些駕駛看到十字路口黃燈時還喜歡加速搶在紅燈前過去，或是沒注意交通號誌誤闖紅燈。但圓環無論何時，因為開車的方向從直線變成圓弧，勢必會自動降低車速，這也是能讓圓環更安全的原因。此外，現代許多圓環的路口會開得更大，讓駕駛進出圓環時不用轉太大的彎，也有更寬闊的視野。有這麼多優點，也難怪法國人這麼喜歡圓環！

圓環的缺點

凡事有優點也有缺點，圓環也不是像圓形一樣圓滿、毫無缺點。你能想到圓環會有那些缺點呢？

缺點 1

圓環需要更大的面積

讓我們再看一眼凱旋門，它占地遼闊，是一個半徑 120 公尺的大圓，要不是放了一個凱旋門，鐵定會被抱怨太浪費空間。舉一個簡單的數據例子來看看，假設十字路口是由兩條寬度 8 公尺的長方形，中間會出現一個 8×8 = 64 平方公尺的正方形路口。

如果改成半徑 6 公尺的圓環，根據圓面積公式是：半徑 × 半徑 ×3.14，則需要 6×6×3.14 ≈ 113 平方公尺的圓形路口。這還沒算上圓形四周路口以外的位置，也沒辦法做有效利用。

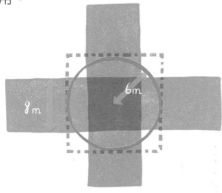

缺點 2

安全但得走很多路的行人

圓環把行人穿越道往前拉回每條馬路上，就像平常過馬路只要注意左右直線的來車即可，車子也比較少，因此更安全。不過，也因為無法穿越圓環，如果今天是要到對面，你得先走沿著圓環走，來到斑馬線，穿越車道後再走一段圓弧狀的道路。這段距離我們可以用半圓跟直徑的距離來比較。圓周長是直徑的 3.14 倍，半圓周長就是直徑的 1.57 倍左右。換句話說，同樣是過馬路，得多走約 1.57 倍的距離。

最後，因為在圓環開車時，路口的車得等圓環裡的車先通過，沒有車時才能切進圓環，你可以想像如果今天圓環有很多條入口，或是車流量稍微大一點時，路口還是會有很嚴重的塞車問題。也因此，臺灣有些的圓環路口還會加裝交通號誌，或是直接改建成十字路口，都是為了應付過大的交通流量。

世界圓環比一比

世界最大的圓環

世界上最大的圓環則在馬來西亞的首都布城，嚴格來說它更像是橢圓或是一顆蛋的形狀。汽車繞完完整一圈是將近 3.5 公里，要是錯過了出口，就得再開上 3.5 公里，駕駛在裡面開車一定感受的不小壓力。

會變魔術的圓環

除了比大小，英國還有一個很特別的「魔術圓環」。它是一內一外兩個同心的圓環，中間還有 5 個小圓環，車子可以從直線進來時，透過小圓環選擇要進入內圓還是外圓。也讓內圓的車流在每次經過小圓環時可以繞出去。再仔細看魔術圓環的車流，5 個小圓和外圈都是順時針轉，但中間的內圓卻是逆時針轉？！

這是因為希望能減少車子在圓環裡移動的距離。想想，如果都是順時針，若車子從 3 點鐘方向的車道進來，要去的是 12 點鐘的方向，得一口氣繞 3/4 個圓才能抵達。但如果允許它逆時針轉，只要繞 1/4 圈，少三倍的距離就可以開到，是不是近很多。

臺灣的圓環

看到這邊，你是不是已經迫不及待想去巴黎凱旋門、馬來西亞布城或是英國的魔術圓環呢？其實不需要特別出國，在臺灣就有一座值得推薦的「圓環之都」——臺南市。從臺南火車站出來走一段路，就會抵達臺南最大的圓環「湯德章紀念公園」。這是一座匯集 7 條路的圓環，圓環周遭有臺灣文學館等景點。並且在臺南繞一圈，會發現市區裡有 7 個圓環。而這麼多圓環，正是受到巴黎的影響。

日治時期，日籍的臺南市區委員會技師長野純藏去巴黎參加萬國博覽會，當時的臺南就像改造前的巴黎，市區擁擠、衛生環境不良。長野看到工程後的凱旋門圓環與放射狀的道路，就知道自己找到了答案。回臺灣後，他把臺南街道改造成結合棋盤式與在重要位置融入巴黎的圓環概念，不只提供對角線居民往來的捷徑，還能讓沒有 google map 年代的民眾，更清楚知道自己此時在哪裡。

除此之外，湯德章紀念公園的圓環外側還有一棟高聳的望火樓，是日治時代臺南消防隊的駐守地。只要望火樓上的消防員看見哪裡失火了，就能立刻出動消防隊，從圓環直抵目的地，不用在棋盤格裡轉來轉去。

數學家皇帝拿破崙
NAPOLEON, AN EMPEROR,
A MATHEMATICIAN AS WELL

**笛卡兒、費馬、柯西、拉普拉斯、帕斯卡、傅立葉、
拿破崙……這幾位歷史名人一字排開，請問他們有什麼共同點？**

上述這些歷史名人都是法國人，而且每個都是數學家。你沒看錯，打造凱旋門的法國皇帝拿破崙，同時也是法國科學院的院士，是一位貨真價實的數學家。

拿破崙出身於科西嘉島的義大利貴族。從小，拿破崙就展現優異的數學能力。他被推薦進入直屬法國皇家軍隊所管理的巴黎皇家軍官學校，研究機率的數學家拉普拉斯是當時的主考官，發現了拿破崙的潛力，讓他從巴黎皇家軍官學校裡的眾多學生中脫穎而出。當時的戰爭，砲兵擔任相當重要的角色，需要因應戰況選擇不同的砲型，以及透過精密的數學計算畫出射程圖與場地測量。因此，拿破崙憑藉著優異的數學能力，進入對數學要求較高的陸軍砲兵，學習更多軍事作戰技巧，也進一步探索幾何學、代數、微積分、力學原理。

拿破崙定理
Napoleon's theorem

拿破崙在軍官學校裡只花約一年就通過一般人需要準備三年的數學考試，不到兩年通過一般人需要準備三年的畢業考試，16 歲成為少尉軍官，28 歲時獲選為法國科學院院士。甚至在歷史資料裡，還可以看到以他命名的「拿破崙定理」*。

＊也有一部分的學者認為這個定理不是拿破崙發明的。

拿破崙定理說任何一個三角形，從 3 個邊長各畫出一個正三角形，再將這 3 個正三角形的外心連線，一定又會形成一個正三角形。

從數學成就上來說，拿破崙無法跟開頭提到的其他幾位數學家並駕齊驅。然而，如果說起對數學界的重要貢獻，拿破崙有不可取代之處。作為當時法國的領導人，拿破崙非常支持科學、數學發展，他常舉辦沙龍，邀請數學家們一起討論數學問題，贊助研究。拿破崙跟數學家保持著良好密切的互動，許多數學家也在拿破崙手下獲得發揮空間，像是大數學家拉普拉斯被他任命為內政部長。

戰爭時，拿破崙讓學者隨行，例如：遠征埃及時，他就帶了蒙日與傅立葉等數學家同行。拿破崙尊崇數學家、鼓勵數學風氣，讓當時的法國成為培養數學人才的沃土，替法國奠定數學大國的基礎，這些培育出來的數學家，也更豐富了我們的數學領域。雖然是間接，但也是非常了不起的數學貢獻呢！

色彩和諧的古蹟之都
京都

號稱觀光都市模範生的京都，迷人街景也曾被無數的水泥大樓、五顏六色的招牌占據入侵，看看京都人善用質樸的顏色方程式，打造與古蹟並存的完美都市。

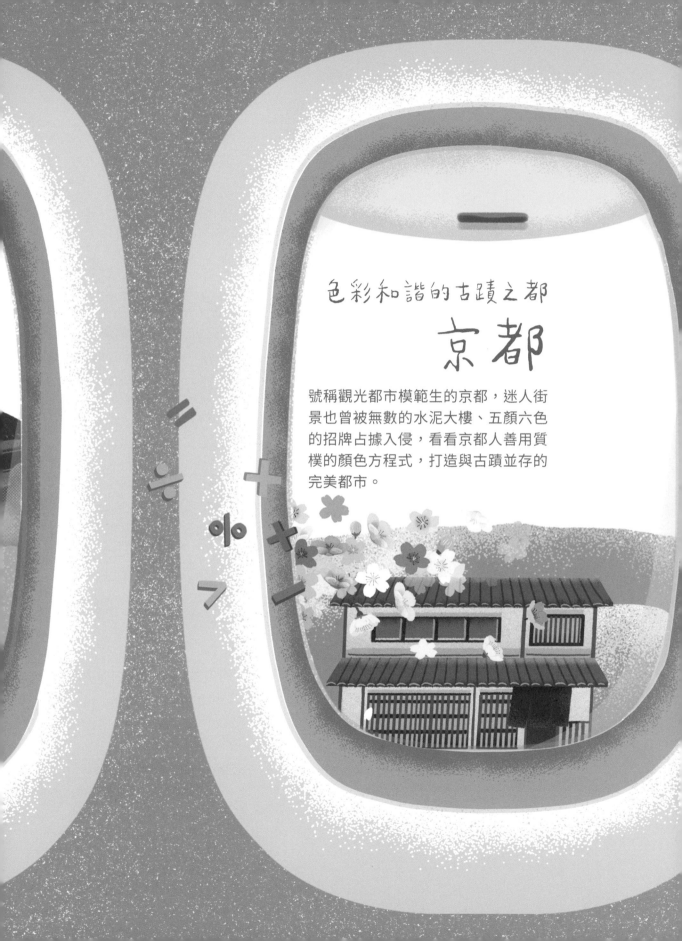

在陽光下閃耀金色
光芒的金閣寺，就
連和尚也嫉妒寺廟
的美。

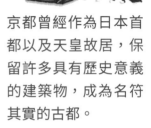

供奉學問之神的北野
天滿宮，是日本學生
必訪的參拜景點。

京都曾經作為日本首
都以及天皇故居，保
留許多具有歷史意義
的建築物，成為名符
其實的古都。

走在京都市區的路上，從棕
色系的建築外觀和居民的生活方
式，就能感受到古色古香的氣氛。

色彩和諧的古蹟之都 京都

京都是日本最有名的歷史觀光都市，城市間的古風氣息是因為京都當了一千多年的首都，直到西元 1869 年明治天皇遷都東京才卸下名號。這麼長的歲月中，許多具有歷史意義的寺廟、古蹟被完整保存，讓京都成為名符其實的古都。在濃厚的歷史氛圍下，京都不僅吸引國外旅客，也成為日本人最想去的本州城市，甚至是日本高中生修學旅行必去之地。

作為歷史古都的京都，各式各樣的特色寺廟可說是旅客必到的熱門景點，像是在半山腰用一百多根巨大圓木建造而成的清水寺、以千本紅色鳥居聞名的伏見稻荷大社、祭祀學問之神菅原道真的北野天滿宮、以及連和尚都因為嫉妒而放火燒的金閣寺。此外，京都的自然景觀也非常豐富，走往山上的嵐山竹林小徑，讓人感覺進入祕境；到了市區的鴨川，除了散步賞櫻，還可以體驗跳石過河的趣味。

而走在京都市區的路上，也能從棕色系的建築外觀感受到古色古香的氣氛。彷彿整個城市都被套上了一層復古的修圖濾鏡，把時間停留在千年以前。

然而，從前從前的京都可是充滿高樓大廈與雜亂的招牌。為了著手都市更新，又守護京都整體的景觀和諧，京都在 15 年前頒布《景觀政策》，才有了現在這個散發傳統氣息的面貌。

69

從前從前招牌林立的京都

第二次世界大戰結束後，日本各地開始重建，並且用高樓大廈取代以前的低矮木房子。京都雖然沒有因為戰爭轟炸而遭到大量破壞，但也面臨傳統木造建築「町家」被一棟棟水泥高樓取代的局面。到了 2000 年代，街道上電線交錯、招牌林立，逐漸流失的傳統美感成為了熱鬧和繁榮的代價。

為了挽救市景，京都政府在 2007 年制定了《景觀政策》，希望能調和出整齊、復古的城市，來吸引更多觀光客，並為城市帶來更多收入。另外，京都作為日本的觀光門面，也會影響世界各地的人們對日本的印象。就像是外國人對於「Made in Japan」的產品品質有信心，京都人也必須將市容維持和產品同樣水準才行。

京都政府的第一步就是先拆除招牌，但卻引起了商家的不滿。街上少了明顯的招牌，生意一定會受影響，商家紛紛抗議：「沒有人知道這裡有賣東西，我們要怎麼生存下去！」

但是京都政府繼續執行該項政策，並打算讓時間來證明一切。2006 年時，京都市的觀光消費額僅有 1 千 5 百億元。不過到了 2016 年，這個數字首度突破 2 千 5 百億元。最終，真實的數字成功證明《景觀政策》不只守護了京都的景色，也為市民帶來豐富的收入。

京都的設計
樸實自然

臺灣街景日常

看到從前從前的京都街道是不是讓你覺得很眼熟呢？這樣的街景雖然在京都逐漸消失絕種，但是在我們眼裡卻是日常生活的一部分。走在臺灣的路上總是能看到高低參差不齊、閃著各種顏色 LED 的店家招牌。公寓的牆壁鐵皮、外推鐵窗和各種花盆裝飾也五花八門；更不用說，走在人行道上，還要小心會有冷氣機的排水滴落到我們頭上——而這些是臺灣街道的特色。

京都景觀政策

然而京都政府在轉型成觀光都市時，就決定絕對不允許這種「破壞市容」的狀況發生，因此制定了《景觀政策》，針對建築物的外觀、高度、顏色、甚至是建材材料種類等都有詳細而且嚴格的限制。簡單來說，只要房子會被路人看到的部分，都被設下嚴格的顏色管制，而唯一能夠跳脫這些規範的只有天然建材。像是你的房屋是木頭建築，也沒有額外塗上顏料，那麼行政機關就不會審查你的外牆顏色——因為「樸實自然」正是《景觀政策》的核心思想。

冷氣機、熱水器：
需要用格狀窗戶
遮擋起來。

屋頂：
瓦片以灰銀色為主，
金屬板則規定
深灰色或黑色。

外牆：
粉刷時不能使用太濃的顏色，
並且各個顏色也有個別規定。

窗戶： 顏色需要和外牆顏色和諧、一致。

很懂數學的藝術家

色相、明度、彩度

雖然《景觀政策》中有很多針對顏色的限制，不過大家要怎麼溝通顏色呢？我怎麼知道你說的白是什麼白？如何分類和描述顏色可能就很主觀了。為了解決這個問題，色彩學家用「色相」、「明度」和「彩度」這三項數值來區別每個顏色。

色相 首先是色相，也就是顏色的長相。我們常說的「紅色」、「藍色」，其實就是色相。

明度 明度代表顏色的亮暗程度。舉例來說，白色明度最高、黑色明度最低。使用顏料調色時，加上白色可以提高明度，加上黑色則會降低明度。

彩度 彩度指的是色彩的純度，是以純色占比來判斷彩度的高低。譬如純紅色加入白色時，純度降低但明度提高，成了淺紅色。也就是說純色比例高為彩度高，而純色含量少則彩度低。另外，黑、白、灰屬於無彩色，不納入彩度的判別。

在《景觀政策》的限制當中，彩度是最重要的關鍵。無論是哪種色相，都有規定不能超過的彩度，讓京都的建築物都能正確呈現出樸實自然的核心思想。

孟塞爾顏色系統和座標

有了色相、明度、彩度還不夠精確描述顏色，美國藝術家阿爾伯特·孟塞爾透過類似數學座標的方法，設計出了「孟塞爾顏色系統」，用視覺化方式，更精確描述你的白是什麼白。

首先，孟塞爾選了 10 個顏色放在圓形最外圈，稱為色相環。圓環裡的每個顏色又再分成 10 等份，最後一共有 100 種色相。

每種色相再依據距離圓心的位置決定彩度。彩度越大的顏色會離中心越遠，圓心的位置則是彩度為 0。

最後把這個圓形變成球體，顏色所在位置越高，就代表明度越大。0 是最暗，10 是最亮。

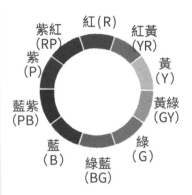

每個顏色都可以準確的用「座標」描述：（所在方向, 到中心的距離, 高度）
假設《景觀政策》裡不能使用的顏色是（藍色 5, 10, 5），在座標上這顏色就是：色相藍色 10 等分中的第 5 格，彩度為 10，明度為 5。

不得超過的意思＝不等號的祕密

《景觀政策》對外牆的顏色限制是「紅、紅黃的彩度不得超過 6」。如果彩度剛好為 6，是符合還是違反規定呢？答案是安全過關！而這就和「不等號」有關了。

「超過」代表「大於（＞）」；「不得超過」就是「不要＞」，即「＜或＝」都可以。我們可以直接用「≦」這個符號來表示，念作「小於等於」。

中文裡常常讓人搞不清楚的「以上」和「以下」，無論有沒有附上「含」，都分別代表「≧」和「≦」。因此，不僅彩度可以用數學來描述，連限制的描述都能用數學來呈現，把誤會的可能性降到最低。

從電腦螢幕到現實世界

京都政府在審查建築物時，是透過眼睛使用孟塞爾顏色系統來比對外牆、屋瓦的顏色是否符合規定。可是這些出現在「現實物體」上的顏色，卻無法讓建築設計師在「電腦螢幕」上直接使用，需要多一個額外轉換的步驟才行。這個差異是因為螢幕顯示顏色的原理和顏料印刷的原理不一樣。

電腦螢幕上的 RGB

電腦或電視螢幕顯示顏色的原理，是來自色光的三原色：「紅色」（Red）、「綠色」（Green）和「藍色」（Blue）。每一種顏色都可以由不同亮度的紅光、綠光和藍光組成。當三種光都開到最亮後「相加」，就會得到白光；三種光都不亮，就是黑色。此外，可以用數字 0 到 255 來標示色光的亮度範圍，0 是不亮、255 是最亮，所以就可以透過數字來描述各種顏色的色光，像是紅光（255, 0, 0）、白光（255, 255, 255）。

電腦能懂的顏色標示

為了讓電腦正確顯示這些顏色，需要把 0 ～ 255 的十進位制數字標示轉換成電腦使用的十六進位制。十進位制，是指每一位數都用 0 ～ 9 共十個數來表示；數到 10 時就會多用一位數來表示，寫成「10」。十六進位制則是數到 16 時才進位，但是阿拉伯數字只有 0 ～ 9，於是數學家決定用英文字母 A ～ F 補上 10 ～ 15 的部分。

十進位制	0	1	2	3	4	5	6	7
十六進位制	0	1	2	3	4	5	6	7
十進位制	8	9	10	11	12	13	14	15
十六進位制	8	9	A	B	C	D	E	F

在計算上，十進位制中的 255，個位代表 1，十位代表 10，百位則代表 100，也就可以拆解成：2×100+5×10+5×1。

而十六進位制的第一位代表 1，第二位代表 16。因為 255 ＝ 15×16 ＋ 15×1，所以在十六進位制中，可以用 FF 來表示。

由於十六進位制只要使用兩位數就可以表示 0 ～ 255 的所有數，所以總共用 6 個符號就能寫出 RGB 三色的比例，像是前面說到的紅光，就會從（255,0,0）寫成 #FF0000，就能讓電腦正確顯示顏色了！

現實世界的 CMYK

當設計師在電腦上畫好建築藍圖，準備使用印表機列印時。印表機並非投出三原色光，而是噴出顏料，所以我們還需要另一個顏色表示法「CMYK」才能讓影印機順利運作。CMYK 分別代表著顏料的三原色「青色」（Cyan）、「品紅色」（Magenta）、「黃色」（Yellow）以及「黑色」（black）。因為青色、品紅色和黃色再怎麼混合也無法變成黑色，所以才需要額外使用黑色輔助。

而且你發現了嗎？色料在混合的時候，不像是光會越混越接近白色，而是顏色加深，就像我們用水彩畫畫時，顏料種類越加越多、顏色就越來越深。此外，CMYK 的數值標示也和 RGB 的 0 到 255 標示不同，CMYK 是用 0 到 100 表示。在電腦螢幕上使用 RGB，而在列印時使用 CMYK，一路下來經過多次的轉換後，才終於完成成品。最後才會使用孟塞爾顏色系統來確認是否符合規範喔！

京都專屬的限定招牌

廣告招牌上的限制色

《景觀政策》不僅規範了房屋的顏色，就連商家的廣告招牌也有特別限制，像是麥當勞標誌性的亮黃色「M」，就被認為和京都的色調不搭。不過比起房屋外牆，對廣告招牌的限制有稍微放寬，把一些原先不能使用的顏色劃分成「限制色」。

店家雖然可以在招牌上使用限制色，但是根據所在位置規範著不同的使用比例。若是店家在古蹟重點區域內，那麼限制色不能超過招牌總面積的 20%；在比較熱鬧的京都市區，只要不超過總面積的一半就好。

不過要是招牌上的商標外觀屬於不規則形狀，難道京都政府或是店家需要仔細計算面積嗎？不，京都政府為了節省麻煩，會直接計算可以把圖形包住的長方形面積。許多商家為了符合《景觀政策》，但又不想重新更改設計，所以選擇將招牌底色和文字顏色互換來符合規範，意外在京都誕生出各種創意又復古的招牌變化。

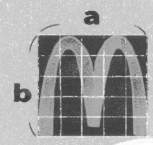

axb

麥當勞的 M 就屬於不規則形狀，不過京都政府並不會仔細計算 M 的面積，而是改成用包住 M 的方形面積代替。

不行使用的濃色組合

更仔細看京都商店街道，雖然招牌可以使用限制色，但是整體顏色還是樸實自然。這次因為就算招牌用色符合面積占比的規範，但是《景觀政策》也規定不可以使用太過搶眼的顏色（濃色）組合。

舉例來說，彩度高的紅色和彩度高的綠色就會形成強烈對比，不行同時使用。常見的高彩度顏色有紅色、黃色、藍色和綠色等 4 種顏色，如果任意兩兩一組都會違規，那麼我們可以試著算算看有幾種違規組合。

首先從這 4 種顏色任選一種，此時有 4 種可能。接著再選第二個顏色搭配，因為先前已經選走一個，所以剩下 3 種可能。最後，因為先選和後選並不影響結果，像是「先選紅再選綠」和「先選綠再選紅」是一樣的，實際上我們會多算了一倍的可能性，所以要除以 2。

我們將上面的想法列成式子就會是：$4 \times 3 \div 2 = 6$。一共是 6 種顏色組合。

另外，高彩度的顏色和黑色搭配也相當搶眼，想想看，如果把黑色也算進來會變成幾種組合呢？

如果有紅色、黃色、藍色和綠色等 4 種濃色，最後就會有 6 種組合不能使用。

額外加入黑色的話，濃色組又會多出 4 組。

家鄉馬祖的代表色

當雜亂的舊京都街景在《景觀政策》守護下，重回歷史古都的風貌；看在一樣有著類似街景的臺灣眼裡，我們其實也曾有過類似的改造計劃。

馬祖從傳統漁村轉為發展觀光時，許多馬祖居民開始將原本的老宅改建成鋼筋混凝土的現代建築，但是混亂又灰暗的外觀卻讓遊客留下不好的印象，老宅聚落的傳統質樸色調也不復存在。因此鄉公所和居民們想試著做些變化，重新吸引觀光客，在 2016 年參考了義大利五漁村的色彩小屋，為馬祖的房屋彩繪上了鮮豔的紅、藍、黃色。然而，在許多質疑聲浪中，工程最終告吹。馬祖居民們於是開始思考：「什麼才是代表馬祖的顏色？」

2018 年，為了重新找回馬祖原有的顏色，馬祖政府和民間團隊一起展開「北緯 26 度島嶼顏色計劃」。計劃團隊從當地的海洋、燈塔、動植物等選擇出了 18 種顏色，像是黃魚黃、石蒜紅、東引海綠、燈塔白等。再根據當地居民所喜好的高彩度、高明度些許微調後，開始對東引島進行大改造。不只是房屋外牆，門牌、店面招牌也都融入了「島色」元素——成為全新的馬祖，卻也是最對味的馬祖。

用彩度、明度較低的馬祖代表色，替換原本的鮮艷色，讓老宅重現原本質樸的風貌。

從馬祖最具代表的白色燈塔、特殊藍綠色的海水，將代表家鄉的顏色融入家家戶戶的門牌與店家招牌裡。

寺廟中神聖的幾何數學
SACRED GEOMETRY MATHEMATICS IN TEMPLES

京都作為上千年的日本首都，自然留下了多不勝數的神社與寺廟，其中最受學生青睞的寺廟正是北野天滿宮。

在日本國內約 1 萬 2 千座的天滿宮和天神寺當中，北野天滿宮可謂是創始店一般的存在，而其供奉的就是日本的學問之神菅原道真。

除此之外，在北野天滿宮的繪馬所裡掛著過去日本數學家的智慧結晶「算額」。就像是我們去廟裡會燒香拜拜，可能再投個香油錢，日本人也會在繪馬上寫下他們祈願。而數學家們則會將他們畢生的研究寫在上面，奉納給神社，這種寫著數學題的特別繪馬就被叫做算額。

在過去沒有網路的時代，日本各地的數學同好就會雲遊四海，每走到一個神社都會留意有沒有可以挑戰的算額。同時，他們也會努力設計出無人能破解的世紀難題，向別人證明自己的厲害。就這樣，數學家們在神社中望著一道道數學題目，和某個素昧平生的人切磋琢磨，發展出了日本的數學「和算」。

現在就讓我們用意念回到從前從前的北野天滿宮，一起和當時的數學同好們試著算算看，掛在北野天滿宮中的算額題目吧！

「如圖，一個長方形中嵌入了一個直角三角形，要如何讓直角三角形的三邊長及長方形的長和寬都是整數呢？」

24 時無休的便捷之都
臺北

與國際大都市相比,小巧又年輕的臺北市竟有著外國人都羨慕的便利生活。我們重回過去的擁擠臺北,一起來看看用數字與圖表如何造就一座 24 小時都方便的便利都市。

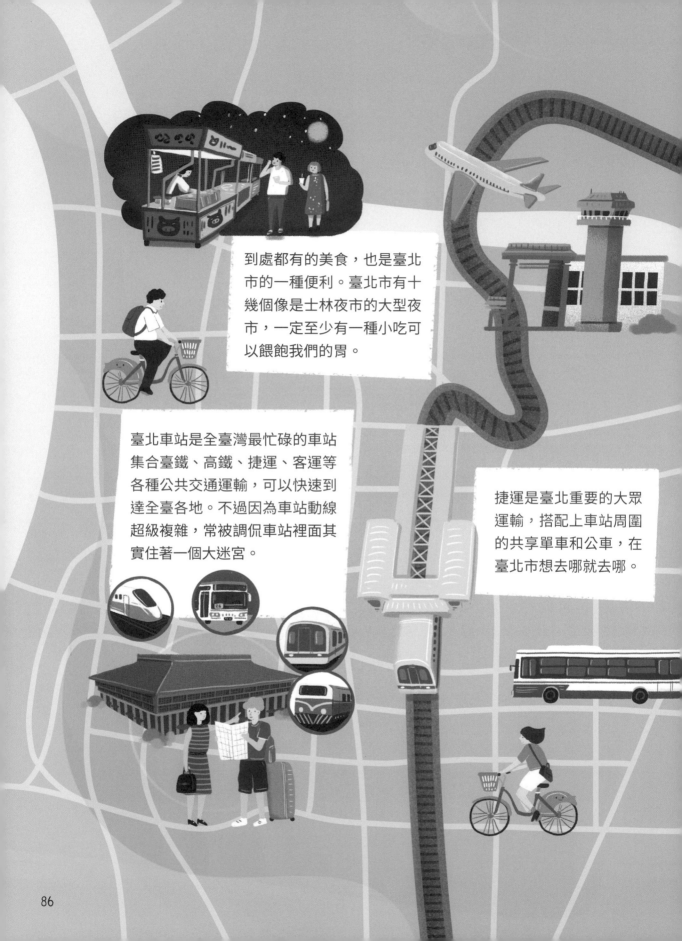

到處都有的美食，也是臺北市的一種便利。臺北市有十幾個像是士林夜市的大型夜市，一定至少有一種小吃可以餵飽我們的胃。

臺北車站是全臺灣最忙碌的車站集合臺鐵、高鐵、捷運、客運等各種公共交通運輸，可以快速到達全臺各地。不過因為車站動線超級複雜，常被調侃車站裡面其實住著一個大迷宮。

捷運是臺北重要的大眾運輸，搭配上車站周圍的共享單車和公車，在臺北市想去哪就去哪。

24時無休的便捷之都 臺北

在你眼中的臺北是什麼樣子呢？許多人第一次來到臺北，便會強烈感受到它快速的步調，彷彿整座城市是個巨大機器，無時無刻都在全力運轉著。高聳的大廈、忙碌的人們，以及時不時降下的陰雨，這些都是臺北的樣貌。

不過，市民的繁忙，也反映出臺北的便利性。除了宛如血管般遍布整座城市的捷運、公車路線，不足的部分也由共享單車補上，要前往臺北的各處都暢行無阻。

不僅如此，臺北的夜市小吃也是廣受讚譽。由英國雜誌《Monocle》進行調查製成的「全球宜居城市排行」當中，臺北首次進入前十名就是靠著美食文化的亮眼表現。近幾年隨著外送的使用率日益普及，更是讓饕客無論在臺北何處都能輕易享受最美味的餐點。

從清治後期開始，臺灣的經濟政治重鎮才逐漸從臺南轉移到臺北。在 1891 年設站的臺北車站，如今已成為了公認的交通中心點。由臺鐵、高鐵、臺北捷運、機場捷運和國道客運所組成的多鐵共構，就是奠定它便捷的「鐵」證。

不過從前從前的臺北市只有一個「鐵」——臺鐵，臺鐵甚至曾意外讓臺北市區陷入可怕的交通黑暗期。

我們現在所看到的便捷臺北，其實在三、四十年前，還因為交通問題而為人詬病呢！當臺北市缺乏良善規劃的交通動線，有時候走路甚至能比搭公車、計程車更快抵達目的地。

造成交通大打結的原因之一便是在貫穿市區的鐵道。因為人們的生活圈都建立在鐵道的兩側，所以道路上的鐵道反而成為汽機車的一大困擾。整個城市中設有 50 處平交道，每當列車經過、柵欄放下，車輛的通行也遭到打斷。讓臺北繁榮起來的鐵路，反而成為了交通阻塞的根源——成也鐵路，敗也鐵路。

跟平交道有關的還有紅綠燈的設計。在當時，紅綠燈的秒數設計是各個路口各自獨立，在同一條大道上想要一路綠燈暢行無阻，幾乎是不可能的事。更別說還有每隔幾分鐘就會通過的火車，路人和汽機車駕駛只能煎熬的走走停停。

於是從 1983 年起，「臺北鐵路地下化專案」正式開始執行。先從最核心的臺北車站著手地下化工程，接著向南北兩個方向一段一段進行，期間興建的高鐵也同樣建造在地下。經過長達 28 年的大工程，2011 年，該專案終於宣告完工。從此，大臺北地區從板橋到南港，不再有地面上的鐵道。

臺北道路上的平交道雖然消失了，但我們依然能看到臺北捷運的部分區間行駛於高架上。比起串聯全臺的臺鐵和高鐵，臺北捷運更象徵著臺北的無比方便。接下來就讓我們一起來進一步認識臺北捷運吧！

臺北捷運的里程計費

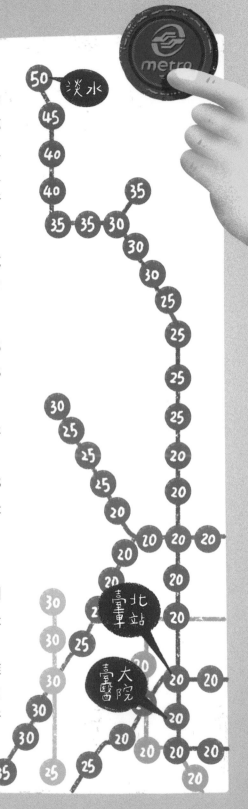

臺北市最吸引人的便利就是覆蓋度超高的大眾運輸系統。不過，比起路線和站牌都密密麻麻的公車，捷運對於初來乍到的人來說是相對親民的選擇。而搭過捷運的人應該都有發現，每次的車資都會是 5 的倍數，這又是為什麼呢？

因為，臺北捷運採用「里程計費」。雖說如此，也不完全是搭多遠就付多少錢。它的計費公式是：

搭乘距離 5 公里內，收費為 20 元；超過 5 公里，每多 3 公里收費增加 5 元（不足 3 公里以 3 公里計）。

所以如果從臺北車站搭到隔壁站的臺大醫院，短短的 660 公尺依然得花上 20 元。而從臺北車站搭到淡水，行駛距離為 20.78 公里，比 5 公里多了 15.78 公里。一共是 5 個 3 公里又 0.78 公里（以 6 個 3 公里計），因此票價為：$20+6×5 = 50$ 元

根據這個收費原則，前 5 公里的花費是相對昂貴的，每公里要 $20÷5 = 4$ 元。但是在這之後，每公里只要 $5÷3 ≒ 1.67$ 元，便宜了許多。換句話說，搭乘捷運的距離越遠，平均每公里的費用就會越便宜。如果只要坐一兩站，或許還是走路或騎自行車會比較划算！

臺北捷運的兩種收費制度

為了服務廣大的大眾運輸使用者，行政院預計在 2023 年 7 月推出「1200 月票制度」，成為許多長途通勤族的省錢福音。1200 月票，顧名思義即是只要花上 1200 元，30 天內在臺北市、新北市、基隆市和桃園市，大眾運輸任你搭。

如果是搭乘臺鐵或公車通勤的民眾，只要把「搭乘次數 × 單程票價」和 1200 元比較，就能判斷是否該買月票。但是捷運通勤族就不同了。臺北捷運對於沒有使用月票的乘客，還祭出了「回饋金」的制度，讓要不要買月票成了許多人的一大難題。

回饋金的制度簡單來說就是：搭越多次，回饋就越多。根據一個月內搭乘的次數，會提供對應比例的回饋，而這些回饋金會在下個月初退還到使用者的悠遊卡當中。搭到 51 次以上的話，就可以享有最高的 30% 優惠！

於是，問題來了。究竟哪些人應該買月票，哪些人又應該用回饋金制度呢？

當月回饋金＝前月累計搭乘金額 × 現金回饋比例
（尾數不滿1元者，按四捨五入計算）

前月累計搭乘次數	現金回饋比例
11～20次	10%
21～30次	15%
31～40次	20%
41～50次	25%
51次以上	30%

1200 vs. 30%?

月票和回饋金哪個划算？

面對這個問題，我們可以先用個案來算算看，再試著推算出共通的結果。假設有個學生總是搭捷運上學，一個月上學 22 天，共 44 次，單程票價是 35 元。一般來說，他會花上 35×44 = 1540 元。欸？看起來好像買 1200 月票的話會比較省錢對吧？

那如果我們把回饋金也算進來，結果會變成如何呢？搭乘 44 次相當於享有 25% 的回饋金。也就是 1540×25% = 385 元。所以其實這位學生只需要花費 1540-385=1150 元，購買月票反而會多花 50 元。

回頭來看，究竟哪些人適合 1200 月票呢？首先，你可能得在一個月內搭超過 22 次捷運。因為捷運單程最高票價為 65 元，就算搭個 21 次，扣掉回饋也不需要花到 1200 元那麼多，要搭到 22 次才會超過。而以一般學生和上班族來說，一個月搭 44 次捷運，單趟票價 40 元的使用者才會需要購買月票喔！

月票和回饋金比較表

如果每個月固定搭 44 次捷運，
且單程票價 40 元以上，買月票才會比較划算。

一邊搭著方便的捷運，
也別忘了為自己的零用錢著想！

一般票價	常客優惠回饋金	1200定期票
20	660 👍	1200
25	825 👍	1200
30	990 👍	1200
35	1155 👍	1200
40	1320	1200 👍
45	1485	1200 👍
50	1650	1200 👍
55	1815	1200 👍
60	1980	1200 👍
65	2145	1200 👍

準時所帶來的方便

雖然捷運非常快速,並且有專屬的軌道不會有塞車的問題,但是所謂的「方便」,只有在班次準時抵達才會成立。臺北捷運為了展現出它驚人的系統穩定度,搬出了「MKBF」這項指標來向乘客們拍胸脯保證。

MKBF
(Mean Kilometers Between Failure) = 每發生 1 件 5 分鐘以上行車延誤事件的平均行駛車廂公里數

如果發生延誤的平均車廂公里數越高,就代表系統越安全穩定。「車廂公里」這個很奇特的距離單位,是指「每節車廂的行駛公里數總和」。舉例來說,如果一輛列車走 100 公里,這輛列車總共有 4 個車廂,那這輛列車行駛的車廂公里數就是:100×4 = 400。

為什麼不是用一輛列車本身行駛的距離,而是用每一節車廂來計算呢?你可以想像一下,只有一節車廂的列車和有十節車廂的列車,是不是後者比較容易出現故障意外?所以,用「車廂公里」當作單位才更能展現一個捷運系統的穩定度。

那麼,臺北捷運的 MKBF 究竟是多少呢?根據官方的 2022 年 8 月數據,竟然高達 1304 萬車廂公里。數字很大,卻還是看不出來究竟多不常發生誤點,於是我們得實際運算看看才能知道。

臺北捷運有 6 條路線:紅(含新北投)、藍、綠(含小碧潭)、橘、棕、黃。統計了各路線的班次和車廂數後,就能計算出北捷一天總共累積了約 31 萬車廂公里。所以如果將兩數據相除 1304 萬 ÷31 萬≒42,便可知平均每 42 天才會在臺北捷運的某一處出現 1 次誤點超過 5 分鐘的事件。這樣看來,這個方便的背後確實有準時在撐腰呢!

遍布各地的便利商店

名副其實的便利

臺北的便利不僅是交通、美食，甚至商店也是！便利商店顧名思義，帶給人們非常大的便利，能讓我們上學快遲到的時候，趕快買一個三明治或飯糰當早餐；放學打完球，再去買個茶葉蛋跟飲料當點心。還有其它文具用品、雜貨，裡面應有盡有。有時候補習或是爸爸媽媽加班晚回來，整條街上只要亮著便利商店的燈，彷彿就能帶給人一種安心的感覺。

臺灣的日常生活，幾乎很難離開便利商店。事實上，全世界便利商店最密集的國家，就是韓國、臺灣和日本。「密集」的意思就像我們在倫敦說的綠地一樣，可以用面積作為比較基準，說明每平方公里有多少便利商店；或是考慮到使用者，以人口作為比較基準。

以 2022 年的數據來看，全臺每平方公里約有 0.53 間便利商店。臺北市的便利商店密集程度更是全臺之冠，有 14% 的便利商店設立在臺北市，平均每平方公里就有 10.55 間便利商店，接近全臺平均值的 20 倍了！

臺灣哪個縣市的便利商店最多？

其他縣市 26%
六都 74%

臺北市 15% 臺中市 12%
新北市 20% 臺南市 6%
桃園市 12% 高雄市 9%

臺北市、新北市、桃園市、臺中市、臺南市、高雄市等六都就占了全臺灣 74% 的便利商店數目，而新北市又是便利商店數目最多的城市。

以縣市面積來看哪個縣市最密集？

間／km²

臺灣 臺北市 新北市 桃園市 臺中市 臺南市 高雄市

以人口密度來看哪個縣市最密集？

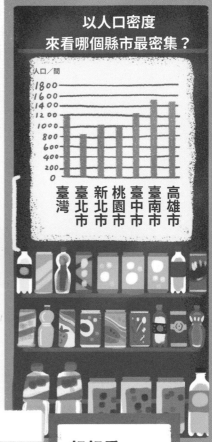

人口／間

臺灣 臺北市 新北市 桃園市 臺中市 臺南市 高雄市

以使用人口的密度來說，臺北市有 2868 間便利商店，人口約是 247 萬，平均約每 862 人就有一間便利商店；全臺則約每 1204 人就有 1 間便利商店，好像差距沒有像面積差這麼多。

這是因為臺北市本來就是地狹人稠，大家全部都擠在一起，便利商店就得開在比較鄰近的位置。但每一家便利商店能服務的客人有限，或是說只要附近有一定的客人數量，便利商店就可以開店。因此在使用人數上，臺北跟全臺灣的差異就沒那麼明顯。

事實上，全臺灣一年大家進去便利商店的次數，高達 32 億次，平均每人每年去 137 次便利商店，不到 3 天就會去一次便利商店。前面說在臺灣生活很難離開便利商店，這話一點都沒錯。

想想看

假設臺北每間便利商店有 2000 位常客，每人每年進去 137 次。請問每間便利商店每天約有多少位客人呢？

便利商店裡的數學

便利商店裡陳列了各式各樣的商品,仔細看看,還有很多數學喔。例如:便利商店架上的品項種類和排列方式、雨傘要不要放在醒目的位置、夏天到了冰飲要不要促銷。這些事情都不單單是店長個人的判斷,而是透過銷售數據分析消費者的習慣所做的決定。另一個跟我們更貼身相關的例子:折扣,其實就是一道道的數學問題。舉例來說,你覺得「第二件半價」跟「加量 50% 不加價」,這兩個哪一個划算呢?

中杯拿鐵現在第二件半價、請問要多買一杯嗎?

現在買中杯拿鐵免費升級特大杯,加量 50% 不加價。

仔細算一下,第二件半價是買 2 件,付 1.5 件的錢,所以如果定價是 10 元,相當於用 15 元買了 20 元的東西,折扣是 15÷20 = 0.75,打 75 折!

如果加量 50% 不加價,就是買 1.5 件,付 1 件的錢。定價 10 元的商品,相當於用 10 元買了 15 元的東西,折扣是 10÷15,約是 0.67,打 67 折!

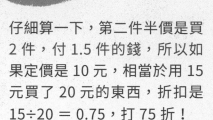

對某些人來說可能兩種方案感覺上差不多,但實際的折扣差了約 8%。或許買 20 元的東西,8% 只差 2 元左右,不需要那麼斤斤計較。但便利商店一年相關產品的營業額可能有 100 萬元,這時候 8% 就是 8 萬元的差距。全臺灣有那麼多便利商店,1%、2% 對連鎖便利商店業者來說都是非常重要。

便利商店裡還有很多數學藏在裡頭,像是飲料一次買兩件的抽獎,或是組合商品的優惠、飲料寄杯、會員專屬折扣等。叮咚!下次走進便利商店時,記得打開自己的數感感知來好好思考一下。

便利商店的理想分布

在臺北市，一個街區往往就有好幾間便利商店，大馬路旁有一間、交叉路口有一間、轉進來的巷子裡又有一間。好幾間便利商店彼此競爭生意，而我們選擇便利商店的原因更是百百種。不同的連鎖品牌有各自的支持者，在一些服務上也有所差異。有時候，如果需要走地下道才能抵達距離最近的商店，我們也會選擇走稍微遠一點，但是不用爬上爬下的另一間分店。

地理學家為了排除這些因素，做出了以下假設：如果城市的人口分布非常平均，地勢也無比平坦，且各間商店都提供完全一樣的服務。如此一來，影響人們選擇的因素就變得非常單純——距離。

以商店為圓心，我們可以想像有兩個區域圈圈：一個圈圈是「需要這個範圍內的客人都來消費，商店才能生存」，另一個圈圈則是「實際上這個範圍內的客人都會來光顧」。一間能好好生存的店家，後者的圈圈大小一定要比前者大上許多。

● 藍色範圍表示實際會來消費的客人　● 紅色範圍為需要範圍內來消費的客人，商店才能生存。

賺錢

損益兩平

雇方錢

我們將「實際上這個範圍內的客人都會來光顧」的圈圈稱為商品圈。當有更多的商店加入競爭，商品圈將會被擠壓，漸漸變成彼此相切的圓形。至於位於切線上的顧客，就會前往自己覺得方便去的商店，最後各間商店的商品圈終將變成一個個正六邊形，緊密鋪滿整座城市。

便利商店的位置

當然，商店的分布並不會真的呈現正六邊形，不過我們依然可以利用「挑選距離近的店家」這點來進行改良。

先暫時不考慮人只能走在道路上、不能穿過房子，從便利商店的角度來說，相較於同區域的其它店家，「來我們店裡最近」的位置，理論上就是店家的守備範圍。路人走到這邊時，如果想去便利商店買東西，應該就會走到該店家。各店家的守備範圍，會把一個區域切割成好幾塊，最後所形成的圖形，稱之為「沃羅諾伊圖」（Voronoi Diagram）。

實際商店分布圖

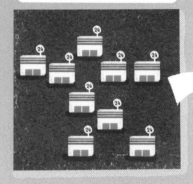

沃羅諾伊圖

中垂線上的每一個點都離兩間便利商店一樣距離。

這張圖看起來很複雜，想了解它的話，我們可以從每個區域的邊緣想起。假設每座便利商店都是一個點，點會有對應的區塊。鄰近兩個區塊的共用邊，就是對應兩間便利商店連線的「中垂線」。中垂線的意思是一條垂直且等分兩間便利商店的連線。這是因為，中垂線上的任一點，到兩座便利商店的距離都一定一樣，所以中垂線就像是楚河漢界那樣，將區域一分為二。

沃羅諾伊圖看起來很熟悉，因為相較於便利商店的守備範圍，它更常被人們看到的時候，會是在蜻蜓翅膀，或是長頸鹿身上的斑紋。過去可能我們只以為那是沒有規律的大小區塊，但原來規律不在區塊的形狀，而在中垂線。下次看到蜻蜓或長頸鹿時，可以試著找找看各區塊的中心點在哪裡喔！

前往全臺各地都很方便

IT'S EASY TO GO ANYWHERE IN TAIWAN WITHIN HOURS.

臺北做為臺灣政治經濟中心，有發達的交通網絡也是合情合理。不管要從臺北到臺灣任何地方，都可以透過國道、鐵路或是飛機到達，甚至在各個縣市之間來回快速穿梭。

國道
Freeway

國道，也就是俗稱的高速公路，全臺灣一共有 9 條國道，不過編號卻是 1～8 和 10 號。這是因為國道是根據道路的方向來編號，南北向的為奇數，東西向的為偶數。不只是國道，還有鋪滿全臺各地的省道、縣市道、鄉區道也都是用這個編號方式。

鐵路
Taiwan Railways Administration, MOTC

鐵路也像國道一樣有很好的覆蓋率，我們可以搭上火車環繞臺灣一圈。臺灣鐵路目前在全臺一共有 241 座車站，在疫情爆發前，每天平均會載送高達 60 萬以上的旅客。如果講求速度與效率，西部地區也有更快速的高鐵可以選擇，從臺北到左營只要 95 分鐘！

當然，如果你不趕時間，也能選擇更經濟實惠的公路客運。有時候搭夜班客運，睡個一覺起來就到目的地了。也因為公路客運是許多人的省錢選擇，路線交會處也會建造轉運站來加速人潮與車輛的流動，為客運帶來蓬勃的發展。這麼多的交通方式，全部交織而成，才造就了臺北便利之都的名號。

航程暫歇，下一次旅途即將出發

倫敦沒有霧，直到惠斯勒畫出了霧，倫敦才有了霧
　　　　　　　——愛爾蘭詩人王爾德

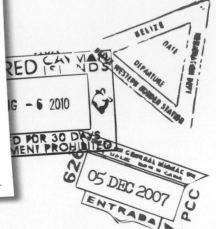

詩人王爾德這句話是什麼意思呢？

原來，倫敦市民原本對霧沒什麼特別感覺。因為當時英國處於工業革命，許多時候霧其實就是燒煤炭產生的廢氣，哪裡會有什麼好感。著名印象派畫家惠斯勒的作品換了一個角度，讓人們看見霧裡的倫敦其實很美，在泰唔士河畔起霧時，不妨駐足欣賞一下。

霧一直都在，只是過去倫敦市民視而不見，或甚至避之唯恐不及。然而惠斯勒的作品好美，引起人們的注意，讓人們重新認識霧的另一面。希望你看完這本書後，也能像倫敦市民看見惠斯勒的作品那樣，在數學課本以外，重新認識數學的另一面。

其實，也不只都市裡到處都有數學。我與數感實驗室這幾年開發了許多跨領域的主題數學課程與手作活動，「都市規劃」就是其中一門。其他像是：

宗教文化：伊斯蘭的幾何鑲嵌藝術，臺灣寺廟裡的藻井。

天文曆法：1 年 365 天、24 節氣、各種曆法制度。

工程科技：人工智慧如何做決策、機器人的函數關係。

之後我們也會再找更多有趣的典故、知識連結，出版第二本、第三本，像這樣你從沒想過的地方來場數感課。

賴以威　　數感實驗室
　　　　　共同創辦人

◉◉ 少年知識家

城市裡的數感素養課
環遊世界，發掘大都市的數學方程式！

作者｜賴以威、李瑞祥（數感實驗室）
繪者｜陳宛昀

特約編輯｜呂育修
美術設計｜陳宛昀
行銷企劃｜李佳樺

天下雜誌群創辦人｜殷允芃
董事長兼執行長｜何琦瑜
媒體暨產品事業群
總經理｜游玉雪
副總經理｜林彥傑
總編輯｜林欣靜
行銷總監｜林育菁
主編｜楊琇珊
版權主任｜何晨瑋、黃微真

出版者｜親子天下股份有限公司
地址｜台北市 104 建國北路一段 96 號 4 樓
電話｜（02）2509-2800　傳真｜（02）2509-2462
網址｜www.parenting.com.tw
讀者服務專線｜（02）2662-0332　週一～週五：09:00~17:30
傳真｜（02）2662-6048　客服信箱｜parenting@cw.com.tw
法律顧問｜台英國際商務法律事務所‧羅明通律師
製版印刷｜中原造像股份有限公司
總經銷｜大和圖書有限公司　電話：（02）8990-2588

出版日期｜2023 年 4 月第一版第一次印行
　　　　　2024 年 5 月第一版第三次印行
定價｜480 元
書號｜BKKKC239P
ISBN｜9786263054462（精裝）

訂購服務 ─────────────
親子天下 Shopping｜shopping.parenting.com.tw
海外‧大量訂購｜parenting@cw.com.tw
書香花園｜台北市建國北路二段 6 巷 11 號　電話（02）2506-1635
劃撥帳號｜50331356　親子天下股份有限公司

國家圖書館出版品預行編目資料

城市裡的數感素養課：環遊世界,發掘大都市
的數學方程式！/ 賴以威, 李瑞祥作；陳宛昀
繪. -- 第一版. -- 臺北市：親子天下股份有限
公司, 2023.04
100 面；19×24.8 公分
ISBN 978-626-305-446-2(精裝)

1.CST: 數學 2.CST: 通俗作品

310　　　　　　　　　　112002171

照片來源：
P.12、P.32、P.52、P.53
由 Shutterstock 圖庫提供

立即購買 >